图解农机选购与操作使用指南 55问

仪坤秀　王明磊　主编

中国农业出版社

农村读物出版社

北京

编 写 人 员 名 单

主　　编　仪坤秀　王明磊
编写人员　仪坤秀　王明磊
　　　　　刘声春　刘　辉

前　言
FOREWORD

近年来，为实现农业生产、农村经济发展和农民增收，国家出台了一系列的强农惠农富农政策。从 2004 年开始，中央财政设立了农机购置补贴专项资金。补贴政策实施 15 年来，极大地推动了农业生产方式的改变，也带动了我国农机工业的成长壮大，促进了农业生产性服务业的快速发展，为满足乡村振兴战略对农业机械化的新需求提供了有力支撑。2017 年，全国农作物耕种收综合机械化率达到 67.23％，全国农业机械总动力达 98 783.35 万千瓦，机械化生产已经成为当前农业生产的主要方式。但随着我国农业机械化的快速发展，农业机械种类和型号层出不穷，再加上不同地域间耕作条件、农业农艺要求不同，农民对农机的选择、使用存在一定的差异。因此，除机器本身质量外，农机选择不恰当、使用操作不熟练、维护保养不到位等因素也是导致部分地区农业机械使用效率不高、操作故障甚至安全事故时有发生的重要原因。

为推动农机化向全程、全面发展提档，向高质、高效转型升级，普及先进适用的农业机械生产技术及装备，在总结提炼技术成果基础上，我们编写了《图解农机选购与操作使用指南 55 问》一书，用以指导广大农民、农机手和农机工作人员正确开展农业机械生产活动，提高农业机械生产质量，为农民、农机手和农机工作人员提供农机技术科普读物，为农机企业和学校提供培训教材。

全书共分农业机械购置补贴相关知识、农业机械选购基本常识、主要农机产品的结构及操作维修指南 3 个部分，详细阐述了各类农业机械的选择、使用与维护保养要求。编者们精心组织各部分内容，注重实际操作，力争做到语言通俗易懂、简明扼要、图文并茂。

在本教材编写过程中，一些科研单位和生产企业给予了大力支持和协助，在此表示衷心感谢！

由于编者水平有限，书中难免有不足之处，恳请读者批评指正。

编　者

2019 年 5 月 24 日

目 录
CONTENTS

农业机械购置补贴相关知识

实施农机购置补贴政策（图1-1）是贯彻落实《中华人民共和国农业机械化促进法》，加快推进我国农机化

图1-1　获得农机购置补贴的农民

发展的重要举措。从 2004 年开始，中央财政设立了农机购置补贴专项资金。补贴实施 15 年来，补贴资金从 7 000万元提高到 174 亿元。特别是党的十八大以来，国家持续加大农机购置补贴资金投入。2013—2017 年，中央财政累计安排农机购置补贴资金 1 116 亿元，补贴购置各类农机具 1 820 多万台（套），分别是 2004 年补贴政策实施以来资金总量的 60.4%、累计补贴购置机具总数的 45.1%。农机购置补贴政策的实施，大幅提升了农业物质技术装备水平，有力推动了现代农业建设，充分调动了农民购机、用机的积极性，改善了农机装备结构，推进了先进农机化技术的普及应用，拉动了农机工业和农机服务业发展，取得了农民受益、装备提升、工业发展的多重效果，受到了农民和企业的普遍欢迎。

1. 农机购置补贴政策是如何产生的？

在社会主义市场经济体制中，市场对资源配置起基础性作用，是资源配置的主体，市场经济是资源配置的有效方式。但是实践也证明，市场本身也存在一些缺陷，不能很好地满足社会公共需要。以农机购置为例，发展现代农业迫切要求用现代物质条件装备农业，积极推进农机化。农民也有发展农机化的积极性。但购置农机往往一次性投资较大，特别是大中型农机价格较高，对收入低、购买力弱的农民来说，仅靠自身积累自发购买确实难度很大。需求虽很迫切，但资金困难成为制约农民购置农机的主要因素，因而也就不能满足发展先进生产力的需求，这就是市场缺陷，需要政府调控加以解决。

党的十六届五中全会提出了建设社会主义新农村的重要历史任务，把"提高农业机械化水平"作为推进现代农业建设、建设社会主义新农村的一项重要措施。2004年中央发布1号文件，明确提出要"提高农业机械化水平，对农民个人、农场职工、农机专业户和直接从事农业生产的农机服务组织购置和更新大型农机具给予一定补贴"，并且将农机购置补贴项目上升为中央"两减免、三补贴"的重大支农惠农政策，开始在部分粮食主产区实施。

从宏观上讲，农机购置补贴就是政府履行满足社会公共需要的资源配置职能和促进社会经济发展的宏观调控职能。通过财政资金再分配的补贴手段，为满足积极发展现代农业、用现代物质条件装备农业、加快推进农机化的社会公共需要，弥补社会资金投入农机困难的市场缺陷，提供必要的财政资金支持；引导社会资金流向现代农业，优化社会资源配置，推动资源要素向农业、农村配置，为实现国家战略意图，促进现代化目标实现，提供财政资金保障。

从微观上看，农机购置补贴是一项重要的产业促进政策：一是调动农民购买农机的积极性，提高农民购买农机能力，扩大农户直接受益范围，促进农民增收；二是促进农机装备总量增加和结构优化，提高优质农产品集中产区农机装备水平，提高农业综合生产能力，建设资源节约型、环境友好型农业；三是加大先进适用农机化技术推广力度，提高种植业和养殖业生产关键环节机械化水平，促进丘陵山区、牧区机械化和旱作节水农业发展；四是进一步促进农机工业结构调整和技术进步。

②. 农机购置补贴的工作管理制度是怎样的？总体上有哪些要求？

目前实施农机购置补贴政策的有关规定有：《2018—2020 年农机购置补贴实施指导意见》《农业部办公厅　财政部办公厅关于在西藏和新疆南疆地区开展差别化农机购置补贴试点的通知》《农业农村部办公厅关于进一步做好农机购置补贴机具投档与核验等工作的通知》《2018—2020 年全国通用类农业机械中央财政资金最高补贴额一览表》，各省（自治区、直辖市）及以下农机化主管部门、财政部门按职责分工和有关规定发布的本地区农机购置补贴实施方案、补贴额一览表等信息。

2018—2020 年农机购置补贴政策实施深入贯彻落实党的十九大精神，围绕促进农业机械化全程全面高质高效发展、推进农业供给侧结构性改革的总体目标，助力实施乡村振兴战略，体现有五个方面总体要求：一是突出战略重点，全力保障发展粮食和主要农产品生产全程机械化的需求，为国家粮食安全和主要农产品有效供给提供坚实的物质技术支撑；二是坚持绿色生态导向，大力推广节能环保、精准高效的农业机械化技术，促进农业绿色发展；三是推动科技创新，加快技术先进农机产品推广，促进农机工业转型升级，提升农机作业质量；四是推动普惠共享，推行补贴范围内机具敞开补贴，加大对农业机械化薄弱地区的支持力度，促进农机社会化服务，切实增强政策获得感；五是创新组织管理，着力提升制度化、信息化、便利化水平，严惩失信违规行为，严格防控系统性风险，保障政策规范廉洁高效实施，不断提升公众满意度和政策实现度。

3. 目前农机购置补贴资金及补贴机具种类范围是什么？需要具备哪些资质？

《2018—2020 年农机购置补贴实施指导意见》明确规定，中央财政资金全国农机购置补贴机具种类范围（以下简称"补贴范围"）为 15 大类 42 个小类 137 个品目。2019 年 7 月，农业农村部发布了《农业农村部农机化司关于修订〈2018—2020 年全国农机购置补贴机具种类范围〉的函》，对补贴的机具范围进行了梳理调整，机具品目，所属种类也进行了相应的变化，调整为 15 大类 41 小类 146 个品目。各省（自治区、直辖市）及计划单列市、新疆生产建设兵团、黑龙江省农垦总局、广东省农垦总局，根据农业生产实际需要和补贴资金规格，按照公开、公平、公正原则，从上述补贴范围中选取确定本地补贴机具品目，实行补贴范围内机具敞开补贴。优先保证粮食等主要农产品生产所需机具和深松整地、免耕播种、高效植保、节水灌溉、高效施肥、秸秆还田离田、残膜回收、畜禽粪污资源化利用、病死畜禽无害化处理等支持农业绿色发展机具的补贴需要，逐步将区域内保有量明显过多、技术相对落后、需求量小的机具品目剔除出补贴范围。补贴范围应保持总体稳定，必要的调整按年度进行。对中央资金补贴范围之外、地方特色农业发展所需和小区域适用性强的机具，纳入地方各级财政资金的补贴范围。

补贴机具必须是补贴范围内的产品，同时还应具备以下资质之一：获得农业机械试验鉴定证书（农业机械推广鉴定证书）；获得农机强制性产品认证证书；列入农机自愿性认证采信试点范围，获得农机自愿性产品认证证书。多年来，农业农村部、财政部在中国境内将通过农机推广鉴定作为补贴机具资质，有效确保了补贴机具的先进性、适用性和可靠性。随着农业供给侧结构性改革的深入推进，对各类农业机械的需求日益旺盛，单一的补贴机具资质渠道已不能满足要求。因此，补贴政策也与时俱进，在补贴机具资质条件上进行了改革拓展，特别是贯彻落实《关于加强质量认证体系建设促进全面质量管理的意见》，明确将获得农机产品认证证书的产品列入了补贴机具资质采信范围。为做好补贴机具采信农机产品认证结果工作，农业农村部会同国家认证认可监督管理委员会也另行制定了《农机自愿性产品认证实施规则 通用要求》，确保补贴采信认证制度落地实施。

另外，我国农业生产类型复杂多样，不同地区、不同产业对农机产品的要求不尽相同。目前，农机购置补贴主要针对已有推广应用基础的成熟产品，部分农机创新产品短期内无法达到补贴机具资质条件，农民"想用补不了"的矛盾日益凸显。2016—2017 年，农业部、财政部组织浙江等 10 个省份开展农机新产品购置补贴试点，取得了积极成效，受到了购机农户、产销企业的充分认可。经过两年的探索实践，在积累了一定管理经验的基础上，现已明确各省份可选择不超过 3 个品目的产品开展农机新产品购置补贴试点，重点支持绿色生态导向和丘陵山区特色产业适用机具。为指导各地做好试点工作，农业农村部、财政部制定了具体的实施办法，发布了《关于做好 2018—2020 年农机新产品购置补贴试点工作的通知》，明确了试点目的和内容、试点产品选定、资金规模和补贴标准以及监督管理的要求等。

　　关于遥控飞行喷雾机（即"植保无人机"）（图 1 - 2）补贴试点的情况，有关工作按照《农业部办公厅、财政部办公厅、中国民用航空局综合司关于开展农机购置补贴引导植保无人飞机规范应用试点工作的通知》（农办发〔2017〕10 号）要求开展。对于其他新开展遥控飞行喷雾机补贴试点的省份，要经农业农村部农业机械化（以下简称"农机化"）管理司、财政部农业司备案同意，并抄报中国民用航空局飞行标准司之后才可开展。

图 1 - 2　植保无人机作业

4. 农机购置补贴的对象有哪些？

农机购置补贴的对象是从事农业生产的个人和农业生产经营组织。根据《中华人民共和国农业法》相关表述，农业生产经营组织又可细化为农村集体经济组织、农民专业合作经济组织、农业企业和其他从事农业生产经营的组织。另外，结合补贴对象跨地区承包经营的实际，明确购机者自主向当地农机化主管部门提出补贴资金申领事项。"当地"既可以是购机者户籍所在地、农业生产经营组织注册登记地，也可以是上述区域之外的稳定从事农业生产经营所在地，只要有合法证明即可。

5. 如何申请农机购置补贴？

农机购置补贴实行自主购机、定额补贴、先购后补、县级结算、直补到卡（户）的补贴方式。

省级及以下农机化主管部门、财政部门按职责分工和有关规定发布本地区农机购置补贴实施方案、补贴额一览表等信息。《农业农村部办公厅关于进一步做好农机购置补贴机具投档与核验等工作的通知》明确规定了《农机购置补贴机具投档工作规范（试行）》及《农机购置补贴机具核验工作要点（试行）》。自愿参与农机购置补贴的农机生产企业按规定提交有关资料。各省级农机化主管部门组织开展形式审核，集中公布投档产品信息汇总表。各省（自治区、直辖市）在本地的补贴实施方案中均明确了投档频次和工作安排，原则上要求每年投档次数不少于两次。购机者自主选机、购机，自主向当地农机化主管部门提出补贴资金申领事项，按规定提交申请材料（图1-3），实行牌证管理的机具，要先办理牌证照。县级农机化主管部门、财政部门按职责分工、时限要求对补贴相关申请资料进行形式审核，组织核验重点机具，由财政部门向符合要求的购机者发放补贴资金。对实行牌证管理的补贴机具，可由农机安全监理机构在上牌过程中一并核验，对安装类、设施类或安全风险较高类补贴机具，可在生产应用一段时期后兑付补贴资金。

图1-3 提交申请材料

6. 如何保障农机购置补贴政策的顺利有效实施？

一是增强组织纪律性。各级农机化、财政部门对实施过程中出现的重大问题要及时报告上级机关。

二是强化内部控制。全面建立补贴工作内部控制规程，规范业务流程，强化监督制约力度。

三是规范补贴机具核验流程。严格执行《农机购置补贴机具核验工作要点（试行）》，规范核验流程，特别要加强对大中型机具、单人多台（套）和短期内大批量等异常申请补贴情形的核验监管。

四是加强违规查处制度建设。落实《农业部办公厅财政部办公厅关于印发〈农业机械购置补贴产品违规经营行为处理办法（试行）〉的通知》精神，进一步推进省际联动联查。

7. 农机购置补贴政策取得了哪些成效？

农机购置补贴是党中央、国务院重要的强农惠农富农政策之一，自 2004 年出台以来，支持强度持续加大，惠及范围不断扩大，大幅提升了农业物质技术装备水平，有力推动了现代农业建设，取得了利农助工、一举多得的显著成效。

一是推动了农业生产方式的历史性转变。农机装备总量持续快速增长，农机化水平持续快速提高。2017 年，全国农机总动力近 10 亿千瓦，比 2012 年增长 23%；全国农作物耕种收综合机械化率超过 66%，较 2012 年提高 9 个百分点。农业生产方式由以人畜力为主进入以机械作业为主的历史新阶段（图 1-4）。

图 1-4　农田机械作业

二是带动了农机工业成长壮大。2017 年规模以上农机工业企业主营业务收入 4 499 亿元，比 2012 年增长 34%。我国已成为世界农机制造和使用第一大国，适应我国农业生产的农机工业体系逐步完善。

三是促进了农业生产性服务业加快发展。2017年，全国农机作业服务组织近19万个，其中农机合作社近7万个，分别较2012年增加2.3万个和3.6万个，带动了其他农业经营组织的发展。跨区作业、代耕代种、全程托管等服务规模不断扩大。其中，农机化经营服务总收入超过5 500亿元，比2012年增长15%，成为农业生产性服务业的主力军、排头兵和"引擎"，在推进小农户与现代农业发展有机衔接上发挥了重要桥梁作用。

四是满足了乡村振兴战略的新需求。为发挥农机购置补贴政策支持引导农机新技术、新产品推广应用的重要作用，从2018年起，农业农村部和财政部将新产品补贴试点范围由10个省份扩大到全国。2018年，16个省（自治区、直辖市）及计划单列市提出了35个新产品试点品目，涉及农业废弃物利用处理、畜牧养殖、农产品收获及初加工、种植施肥、农用搬运、设施农业等方面的创新产品，补贴资金规模约1.8亿元，有效促进了农机产品技术创新和研发、生产、应用。

第二章

农业机械选购基本常识

 8. **农机选购应遵循哪些原则？**

农机购置成本较大，需要花费农户多年的积蓄，或者需要多个农户合作集资购买，有时甚至需要贷款。且作为一项重要的农业生产资料，农机使用寿命一般都有几年甚至多年，选购何种型号的农机，必须慎重、反复斟酌。一般而言，在购置农机时，应遵循以下原则：

（1）适用性原则

农机品种繁多、性能各异，购机前应尽可能多地收集有关农机的信息资料，以便进行初步比较，并从以下几个方面进行考虑：

①农机的适用范围。农机的适用范围包括农机的作业对象范围、适应的工作环境。比如，收获机械是否适用于多种作物的收获；是适用于水田还是适用于旱地作业；若

适用于水田，对水田的深度有无特殊要求等。

②**农机的技术性能。**应考虑所选择农机的技术性能是否满足当地的农艺要求、适应当地的耕作习惯，能否保证作业质量以及操作的难易程度。

③**能源消耗和劳动力占用量。**能源消耗是指完成规定的作业量所消耗的燃料、电力、水等；劳动力占用量是指完成规定作业所需要的人数及劳动强度。所选购的农机应是在完成相同作业量的情况下，所耗能源最低、所占劳动力最少的。

（2）经济性原则

通俗地讲，若要购买这台机器，先问自己"值不值"，即是否能做到少花钱、多办事，获得最好的效益。要做到这点，应着重考虑以下两个方面：

①**购机成本。**完成同一农业工艺、达到同一作业要求的农机，可以有多种。同一类农机也有多个生产厂家同时制造。如耕整地作业，可以先犁地、再整地；也可以犁、整地同时进行；还可以旋耕代替犁和耙。显然，不同的农机价格悬殊，同一机型不同的生产厂家其价格也有很大差异。购买时应仔细比较其性能和价格，性能相同、价格低（性价比最好）的机器应列为优先选购的对象。

②**运行成本。**农机的运行成本在农机生产作业费用中占有相当大的比重，包括不可变成本和可变成本。不可变

成本是指受国家法律法规约束、必须按规定支付的费用，如拖拉机的公路养护费、保险费、职工工资等。可变成本是指为确保农机运行完成预期的工作任务所必需的开支，其中有一部分可以通过人为的技术措施如节油驾驶等加以控制。可变的运行成本大部分取决于农机本身的运行消耗和农机的可靠性、耐久性、维修性。因此，购置农机时，不但要考虑购机成本，更要全面考核其运行成本。

(3) 配套性原则

在购置新的农机时，要考虑新农机与现有农机的配套性，应特别注意以下几点：

①购买拖拉机、内燃机等动力机械时，应考虑一机多用，如购买拖拉机时，应考虑能与在农业生产过程中使用到的与之相关的犁、耙、铲、播种机、中耕机、收割机等农机配套。内燃机、电动机可与抽水机、碾米机、加工机械、场上作业机械配套。内燃机还可用作运输机械的动力。

②在农业生产的作业程序上，尽量不与现有的农机相互交叉和干涉。

③生产能力要大体一致或相容（成倍数关系），减少浪费。

④在选购农机时，应考虑能否与现有的发动机配套。农机的配套动力包括发动机型式、功率、转速，及农机具

安装挂接方式的配套。农机最大的特点是季节性很强，为节省投资，应尽量做到发动机一机多用。考虑发动机与农机具配套时功率大小要协调，配套后拖拉机作业速度应与使用要求一致。与拖拉机匹配的农机具的挂接方式、挂接点的位置应能满足作业要求。

(4)"三化"原则

机械产品的结构参数、动力参数的系列化及零件的标准化、通用化称为"三化"。"三化"程度越高的农机产品质量越有保障。"三化"程度高的农机产品配件供应充分，维修网点多，配件及维修费用低，可大大降低机械购置成本和运行成本。

(5)安全原则

农机的安全性包括农机本身的安全性、操作人员的人身安全性及不对环境造成破坏。农机安全性是指农机不会因过载、失电或其他偶然因素而损坏。因此，农机应有完善的安全防护装置，如超载、失电保护器，翻车时的人身保护装置，农药施用作业机具的防毒害设施以及不对作业对象造成伤害的防护设施等。

农机的操作安全性是指操作人员操纵机器时，不会因机器因素造成操作人员的人身伤害和过多体力与脑力损耗。购置农机时，应重点检查农机外露旋转零件的安全防护装置、过热部位的防烫伤设施，农机操作的难易程度等。劳动强度过大，容易导致操作人员疲劳，因此操作环境应舒适，如考虑到麦收时天气酷热，冬耕时气候寒冷，驾驶室内应有防暑防寒设备。

9. 农机选购应注意哪些事项？

农机投资成本大，成本回收周期较长，为达到省工节本、增收增效的目的，无论是选购新农机，还是购买二手农机，都应当选择质量可靠、价格合理、售后服务有保障、各类手续齐全的农机产品。

(1) 对农机进行查验确认其质量

①看。通过眼睛观察，看清、认准以下内容：

看标志。农机是否贴有菱形的农业机械推广鉴定证章。购买农机时要优先考虑有农业机械推广鉴定证章的产品。没有农业机械推广鉴定证章的产品，其质量无法得到保障。对实施"3C"认证（中国强制性产品认证）的农机产品要看是否有"3C"认证标志。对实施生产许可证管理的农机产品要看产品或者包装、说明书上是否有标注生产许可证标志和编号。

"3C"认证标志：

A. 看商标。通过对比确认厂名、厂址和商标是否一致。

B. 看生产日期。一是生产日期反映了农机技术更新与进步；二是有些橡塑制品时间一长就会老化，生产日期越近就应该是越可靠的产品。选购农机时，应重点考虑选择一些生产年月较近的产品。

C. 看农机外表。看油漆是否美观。外表应光洁平整，无砂眼、无裂纹或毛刺、无锈蚀、无"三漏"（漏水、漏油、漏气）现象等。轮胎质量应符合要求，不应出现鼓包、龟裂等现象。检查零部件是否有缺损等情况。

②摸。通过触摸，检查表面是否光滑，焊接部位是否牢固，油缸、油封等有无渗漏现象。触摸轴承、制动部位等，检查温升是否正常（图2-1）。

图2-1 农机检查

③试。选购农机，尤其是选购拖拉机、内燃机等动力农机时，需进行试车。通过试车检查动力、传动、工作部件的质量和工作情况。

A. 性能。首先检查柴油机的启动性能，油门控制系统、柴油机的空运转情况。动力机械启动后运转应轻松平稳、无杂音，内燃机排气应无色透明或呈淡灰色。

B. 操控。检查操作部件，如检查方向盘的自由行程和转向性能，制动系统的制动效能，液压系统的灵敏、可靠程度；检查工作部件的工作质量；检查信号、照明、警告装置的响应程度。

④听。拖拉机等农机在运转时，注意用耳倾听其动力、传动、工作、操作等部位有无卡滞、振动、摩擦、碰撞等异响。

(2) 对农机产品进行整体验收并索要相关票证

①验收。购买农机后应再次对购置的农机进行仔细检查，并一一查看随机附件、随机工具、易损零件、使用说明书、零件图册等是否齐全。

②索取"一票二证"。一票即购机发票，二证是指产品合格证和"三包"凭证，这些都是《农业机械产品修理、更换、退货责任规定》（俗称"三包"）中规定的"三包"服务期内享受"三包"服务的重要凭证（图2-2）。

A. 购机发票。在购机发票中至少应包含购机者姓名、所购农机的名称、规格型号、计量单位、数量、单价、总价、开票时间、销售单位名称等信息。

B. "三包"凭证。

a. 产品的基本信息：包括产品名称、规格、型号、

图 2-2　购机凭证

产品编号等内容。

相关规定：2009 年 9 月 28 日，国家质量监督检验检疫总局局务会议审议通过《农业机械产品修理、更换、退货责任规定》，并经国家工商行政管理总局、农业部（现已改名"农业农村部"）、工业和信息化部审议通过，自 2010 年 6 月 1 日起施行。1998 年 3 月 12 日，国家经济贸易委员会、国家技术监督局、国家工商行政管理局、国内贸易部、机械工业部、农业部发布的《农业机械产品修理、更换、退货责任规定》（国经贸质〔1998〕123 号）同时废止。

b. 配套动力信息：包括牌号、型号、产品编号、生产单位等内容。

c. 生产企业信息：包括企业名称、地址、电话、邮政编码等内容。

d. 修理者信息：包括名称、地址、电话、邮政编码等内容。这里所说的修理者，是指企业建立的维修服务网络。

e. 整机"三包"有效期一般不少于 1 年，主要部件"三包"有效期一般不少于 2 年。另外，对不同的农机产品也有不同时限的规定。

f. 主要部件清单上所列的主要部件：应不少于国家"三包"规定的要求。

g. 修理记录内容：包括送修日期、修复日期、送修故障、修理情况、换退货证明等。

h. 不实行"三包"的情况说明：应当包括使用维护、保养不当；违规自行改装、拆卸、调整；无"三包"凭证和有效购机发票；规格、型号与购机发票不符；未保持损坏原状；无驾驶证操作；因不可抗力因素造成的故障。

(3) 不能购买的五类产品

①**"三无"农机产品。**"三无"农机产品往往是假冒伪劣产品，质量和售后服务无法保证。

②**已经淘汰的农机产品。**这类农机产品往往作业质量差、能耗高，并且配件供应不能保障。

③**非法拼装的农机产品。**这类农机产品往往质量差、故障多，而且其安全性无法保障，容易出现人身伤亡

事故。

④**不适应本地地理自然条件和经济条件的农机产品。**应因地制宜地选购农机产品，避免出现"英雄无用武之地"、"铁牛"变"死牛"的尴尬局面。

⑤**来源不明的农机产品。**无可靠来源凭证或手续不齐全的农机产品，不能购买。

10. 二手农机选购应注意哪些事项？

随着国家对农业产业政策的进一步深化，特别是国家农机购置补贴实施以来，购置农机的农户越来越多，农户拥有的农机数量也逐年上升。其中，一些经济条件较好的农户趁着购置补贴政策的热潮，计划购置比较好的新农机，为此，这些农户就想把原来购买的旧农机以优惠价处理，以便换新的农机；而有些农户经济条件不太好，拿不出足够的资金来购置新的农机，可是又急需添置农机以应对农业生产的需要，只好选购二手农机。这就为二手农机提供了一个市场交易空间，二手农机流通速度加快（图 2-3）。

如何恰当地选购二手农机是很多农民朋友非常关心的一个问题。农机种类繁多，有田间作业的耕地、整地、播种、收获、水利排灌、植物保护、农副产品加工等机械；还有用于在乡村道路运营农资产品、林木水果的农用机车

图 2-3　二手农机选购

等。每种农机还有不同的性能、型号、规格。为了能恰当地选购到自己所需要的农机，综合起来应该注意以下几个方面：

（1）了解农机的性能

一般买农机的农民都有使用过农机的经历，具有一定程度的机械常识。打算买二手农机时，必须大致了解这种农机的构造，工作原理，最基本的使用操作特点和保养、保管方法；必须要求卖方提供该农机的使用说明书，以便对照实物进行观察检验；同时，最好找使用过这种机械的内行人帮助参谋，但是不能盲目听信他人，随便购买自己从来没有用过的农业机械。只有了解清楚该农机的情况后，才能和相同类型的农机做对比，以便更好选择到自己满意而又适用的二手农机。

(2)正确选择农机型号

选择型号主要是使机械的性能满足生产需要。比如，购买抗旱时使用的水泵，要根据当地的水源情况、地理位置、动力配置情况，确定水泵工作时是电力还是柴油机带动。再如，买了电动水泵，而架设电线需要的投资却很大，或者买了扬程不够的水泵等，这样就发挥不出农机的最大效应，甚至完全不适应需要，造成农民投资购买农机的浪费，这种情况是要尽量避免的。

(3)动力配套

动力配套指的是发动机的功率和转速要满足配套机械的需要。一般来说，电动机的功率应是配套农业机械所需功率的 1.05～1.3 倍，而内燃机的功率应是配套农业机械所需功率的 1.3～1.5 倍。功率过大，则是"大马拉小车"，浪费能量；功率过小，则配套机械不易带动或超负荷运转损坏发动机。转速相同时，配套农业机械可以直接安装使用；转速不一致时，为了满足使用要求，必须改装传动设备，这样要增加很多费用。

如果农民朋友已经买了发动机，就应该充分发挥其作用。在购买别人的二手农机时，应该尽量考虑能够与原有发动机配套使用，一般不要每种农业机械都配套一种发动机，这样花费成本太高，管理也不方便。对于拖拉机，如果已经有四轮拖拉机，就应该首先考虑尽量买悬挂式农具配套，其次可以购买牵引农具；如果是手扶式拖拉机，则只能购买与手扶式拖拉机配套的农具。

(4) 农机使用性能基本保持完好

因为选购的是二手农机，肯定会有磨损和折旧，所以试机的时候要注意观察农机的运转情况，如果有不规则的声音和转动，或者出现油封处漏油等情况最好不要购买。要买那些运转基本正常、使用性能基本完好的农机，否则，买回去以后维修费用可能会增加许多，最终计算下来，会发现得不偿失。

(5) 零配件供应有保障

任何机械在使用过程中都会出现正常的磨损、损坏，特别是二手农机，都有一定的使用年限了，需要经常修理更换易损零部件。因此，在购买农机时，要了解当地对该农机的修理能力和零配件供应情况，否则，为了一个重要的零配件要去很远的地方修理、安装，肯定会大大增加负担。

(6) 应了解并遵守农机的管理政策

为避免农机安全生产事故的发生、减少农机事故的隐患和损害，国家对一些农机是实行牌证严格管理的。因此，在购买农机的同时，也要去当地农机管理部门咨询一下农机的相关管理政策。比如，在购买拖拉机前，首先要进行驾驶员培训，因为只有拿到农业农村部颁发的驾驶证以后才可以上路。其次，要看买来的拖拉机状态是不是良好，拖拉机需要农机监理部门检验合格并通过该年年度检审后方可行驶。最后，是拖拉机的权属问题。很多人买了二手拖拉机以后就不去办理原来行驶证的变更手续了，这其实是个误区。如果卖主与他人存在经济纠纷，他的债权人可以优先把你已经买走的拖拉机进行抵债偿还，从而对你造成不必要的损失。

11. 新型农机选购应注意哪些事项？

在选购新型农机时要注意以下几个方面：

（1）根据需要选型

在购买新型农机产品前应尽可能多地掌握有关机型的技术资料，如动力性、经济性、通用性、安全性、方便性等是否适合当地自然、地理条件，特别要了解该农机新产品的先进性在哪里，有哪些不足之处，权衡利弊，确定是否适合购买。不要被广告宣传所迷惑而盲目购置。如果该机型适合，还应了解该产品是否属合格产品，有无"三证"（即产品合格证、按规定应取得的生产许可证或"3C"认证证书、推广鉴定证章）。

（2）考虑零配件通用性

新型农机产品有不少新结构、新零件，这些零配件一般不具有通用性，有些甚至在市场上买不到，必须到厂家去买，既花费路费，又耽误时间，给修理换件带来很大麻烦。因此，最好选购零配件供应普及的产品。

（3）注意售后服务

由于新型农机产品结构的特殊性，大多数使用者一时不能完全掌握，当使用中出现较大故障时，往往束手无策。因此，购买时切不可忽视售后"三包"服务问题。

有些机手直接到厂家购机，由于路途远，"三包"服务难以及时到位，耽误了作业时间。为了避免这种情况发生，购买农机时最好就近在当地农机公司或乡镇（街道）农机站购买，并要求销售方做出及时提供售后"三包"服务的承诺。

12. *如何快速识别假冒伪劣农机及配件？*

随着我国农业生产的发展和国家对农机化发展扶持力度的不断增大，农民对农业机械的需求也越来越大，农机质量问题也日益受到社会关注。农机质量直接关系到农业和农村经济的发展，关系到农机用户的收入和人身安全。我国经过十多年的农机打假工作，在一定程度上打击了制假售假的违法行为，农机产品和零配件质量不断提高，但有些假冒伪劣农机产品仍屡禁不止，严重扰乱了我国农机化的健康发展。因此，农机用户需要提高自身辨别假冒伪劣产品的能力，减少经济损失（图2-4）。

图2-4　杜绝假冒伪劣

（1）假冒伪劣农机及零配件特点

假冒伪劣农机及零配件特点综合起来如下：

一是农机及零配件产品假冒现象少，伪劣产品多。农机及零配件产品存在商标、生产厂家、推广鉴定证章等假冒现象，但数量较少；而在农机及零配件市场上，伪劣的产品层出不穷，严重影响农机及零配件市场产品质量状况，粗制滥造的农机及零配件产品充斥着市场。

二是假冒伪劣农机及零配件生产地域集中。如小型拖拉机企业和配套零配件生产集中在山东某地，浙江某地成为喷雾器的主要产地，河北某地成为气门的集中产地。这些地区集中生产农机及零配件产品，带动了当地经济的发展，但是其质量状况也令人担忧。

三是假冒伪劣农机及零配件表现形式通常是几种共同表现的。即一种产品肯定是有几种表现形式共同存在，如偷工减料和材质不符合要求总是相互伴随。

（2）假冒伪劣农机及零配件产品常用判断方法

通过对几种假冒伪劣农机及零配件产品的判断方法进行归纳总结，得出假冒伪劣农机及零配件的常用判断方法（图 2-5）。如果要对农机及零配件产品进行准确的质量判断还必须依靠仪器设备。

图 2-5　加强防范假冒伪劣

①**目测法**。目测法指通过眼睛来观察产品本身及附属物是否合格的判断方法。

A. 看包装和标志。有包装的产品，其包装应完整，零配件应有防锈包装。包装上应有产品的商标、型号、规格、厂名、厂址等信息。包装内应有产品合格证、使用说明书、"三包"凭证等随机文件。说明书上的信息与产品铭牌上一致。

B. 看产品外观质量。假冒伪劣产品往往粗制滥造，从产品外观、油漆和焊接质量上可以进行判断。产品表面涂漆应均匀，无流挂、漏漆现象；焊缝应均匀，无漏焊、虚焊、烧穿等现象；整机和零配件表面应光滑、平整、无毛刺；整机外壳无变形，零配件表面无锈蚀。

C. 看整机的安全性能。农机的安全性能直接关系到使用者的人身安全。在购买农机时应该重点查看农机整机产品的外露旋转件（如皮带轮等）有没有安全防护罩或防护是否到位，在容易造成人身伤害的危险部位，有没有红色或黄色的安全警示标志。

目测法的优点是比较直接，简便易行，对一部分农机及零配件产品可以直接进行判断。如仿制较差的假冒产品、外观质量明显差的产品，通过外观观察可以很容易进行判断。但目测法的缺点是不深入，只看表面不能了解实质，有可能被表面现象所迷惑，尤其是一些仿制较好的假冒产品、外观质量与正规产品区别不大的产品，仅靠外观观察不能够进行判断。因此，目测法的目的是对要选购的产品有一个总体的了解，特别是从说明书和有关随机文件中，可以了解生产者的质量承诺，出现问题时便于解决。目测法是判断假冒伪劣农机及零配件产品首先要选用的、也是最常用的方法。当运用目测法无法准确进行假冒伪劣产品的判断时，应结合其他的判断方法以准确进行判断。

②**触摸法。**触摸法指通过手直接触摸产品加工表面，以判断其质量的方法。触摸法可以判断机加工表面粗糙度。一般机加工表面应光滑不刮手，如果刮手，而且摸起来能明显感觉到粗糙，说明表面粗糙度太大了。如判断等离子淬火的气缸套时，用手伸入内孔触摸，内孔表面应光滑一致，没有扎手的感觉，硬化带与非硬化带高度差手感分辨应不明显。触摸法的优点是比较直接，简便易行；缺点是应用产品范围较窄。对于表面粗糙度和机加工质量有特殊要求的产品，触摸法可以作为其首选的判断方法。

③**查询法。**查询法指购买农机及零配件产品时，查询产品上的信息是否真实的判断方法。

工业产品生产许可证可在各省、市、县、镇的质量监督网站上查询；获"3C"认证的产品可在中国强制产品CCC认证在线网站上进行查询（http：//www.ccc‐cn.org/）；获得农业机械推广鉴定证章的产品可在全国农业机械试验鉴定管理服务信息化平台（http：//202.127.42.49：8080/nongji/front/main/index0.do）查询。查询法的优点是可通过查询确认信息的真伪，间接地获知产品的质量。上述企业信息及认证标志正确的产品，为正规企业生产，其质量有一定的保证。查询法的缺点是比较费时、不够便捷，尤其是上网不方便的地区，不便于查询。查询法适用于购买较贵重的农机整机产品或者判断是否为假冒产品时使用。

④**简单测试法**。简单测试法指在购买农机及零配件产品时，通过简单的测试方法来判断产品质量的方法。

A. 质量比较法。这种方法用于判断偷工减料的农机及零配件产品。由于部分农机及零配件减料后，整体质量下降，用质量比较法可以进行判断。整机产品可以通过比较质量的方法来判断，零配件产品可以进行称量。质量明显轻于标准质量，一般是减料比较严重的。

B. 量尺寸、厚度法。这种方法用于判断偷工减料的农机及零配件。部分农机及零配件关键部位的尺寸或厚度有标准要求，可以用直尺进行测量判断。如青饲料切碎机的喂料口到切刀的距离，标准要求大于 550 毫米，用尺子测量可以立即判断。标准中没有明确规定的，一般厚度要求不能过小。

C. 声音判断法。这是一种经验总结出的方法。例如，将一把旋耕刀扔在地上，听到"啃"的清脆声说明质量好，声音闷说明刀的硬度不够好，听到"嗡"的声音说明刀身有裂纹。

D. 破坏测试法。有的农机和零配件产品可以通过破坏性试验测试质量好坏。例如，喷杆、三角皮带等可以用手用力扭，看是否会破碎、断裂。将两把旋耕刀对敲，敲击处有凹痕，说明刀身硬度小、质量差。用锉刀锉削零配件产品表面，没进行热处理的零配件，锉上去会黏刀；进行过热处理的零配件只能锉下碎屑，而且感觉较难锉削；有的零配件产品锉削几刀后棱边有明显凹陷，可以判断出其硬度很小。

E. 试机测试法。农机整机产品应该进行试机测试，检查其装配质量；所有传动装置是否转动灵活，有没有卡滞、松动现象；整机运转时振动、声音是否正常。

简单测试法的优点是能够比较准确地判断产品质量；缺点是必须具备相应产品的知识，针对产品的特点采取测试方法。

简单测试法中的一些方法可以为一般用户购买时判断产品质量，如质量比较法，量尺寸、厚度法，声音判断法等。而破坏测试法和试机测试法中的部分测试法，由于购买产品时经销商未必允许进行测试，尤其是零配件产品的试机测试法，购买量少的话，不便于进行测试来判断质量，适用于购买大批量的产品时来抽样检测整批产品的质量。

⑤**价格判断法。**价格判断法是指通过在市场上比较同类型产品的价格来判断质量优劣的方法。假冒伪劣产品一般通过牺牲产品质量，采用各种手段降低成本迎合购买者买便宜货的心理，以价格进行竞争。对价格明显低于市场平均水平的农机及零配件进行检测，检测结果往往不合格。因此有时通过价格比较也可以判断产品的质量优劣，

一般低于市场价格 20% 以上的产品，最具有假冒伪劣产品的嫌疑。但是价格受多种因素影响，不排除促销、以次充好出售等因素，故价格可以作为一种辅助判断方法，来初步判断农机及零配件的质量，使用时可结合前面 4 种判断方法。

⑥**精确判断法**。精确判断法是指按照产品的相关标准进行关键性能指标的检测，通过比较检测值与标准值来判断产品质量的方法。精确判断法一般只能由具有相应检验资质的检验机构进行。其优点是能够准确判断农机及零配件产品的质量优劣；缺点是成本太高，仅适用于在大批量购买产品或是发生产品质量纠纷时，来判断产品的质量。

13. *如何选购拖拉机？*

（1）拖拉机分类、命名及主要性能指标

①**拖拉机的分类**。拖拉机常用的分类方法有四种：一是按其用途分类，可分为一般用途拖拉机（农业用、林业用、工业用）和特殊用途拖拉机；二是按行走方式分类，可分为轮式拖拉机、履带式拖拉机、半履带式（轮链式）拖拉机和特种结构（船式、高地隙式和坡地）拖拉机；三是按驾驶方式分类，可分为方向盘式拖拉机、操纵杆式拖拉机和手扶式拖拉机；四是按发动机（柴油机）功率大小分类，可分为小型拖拉机（18 千瓦以下）、

中型拖拉机（18～36.7 千瓦）、大型拖拉机（大于 36.7 千瓦）。此外还可按发动机动力传动方式分类，分为皮带传动和直接传动两类。皮带传动是指发动机的动力通过皮带传动至变速器。皮带传动是有位差的传动，具有制造成本较低、易于维修、方便更换等特点。直接传动是指发动机的动力通过齿轮传动至变速器。直接传动是无位差传动，具有结构紧凑、传输精度高、噪声小、低能耗等特点。

②拖拉机的主要性能指标。拖拉机的主要性能指标有：额定功率（千瓦）、动力输出轴功率（千瓦）、发动机转矩储备率（%）、液压提升力（牛顿）、液压输出功率（千瓦）、牵引力（牛顿）、牵引功率（千瓦）、牵引比油耗［克/（千瓦·时）］等。

③拖拉机型号中数字部分代表的意义。拖拉机型式代号一般以 0、1、2、3、4 表示。其中，0 代表后轮驱动四轮式拖拉机，4 代表四轮驱动轮式拖拉机，1 代表手扶式（单轴式）拖拉机，2 代表履带式拖拉机。此外，在拖拉机型号中，拖拉机功率的大小也用数字表示。例如：拖拉机型号为 802，代表 80 马力[①]的履带式拖拉机；拖拉机型号为 121，代表 12 马力的手扶式拖拉机；拖拉机型号为 1804，代表 180 马力、四轮驱动的轮式拖拉机；拖拉机型

---

① 马力：非法定计量单位，1 千瓦≈1.341 马力（英制）。——编者注

号为 800，代表 80 马力、后轮驱动的四轮式拖拉机。

(2) 选购拖拉机的注意事项

在选购拖拉机产品时，要根据自己的使用预期、作业方式、配套农具、当地农作物特点、作业量等情况合理选择。如：水田作业就要选择质量较轻、驱动轮带高花纹的拖拉机。此外，选择的拖拉机的功率建议稍大于满足当前使用要求的功率。

挑选拖拉机时应遵循"一看、二摸、三试"的原则。"一看"是指看拖拉机外观、标牌、标志等。看外观，拖拉机要光洁美观，不能有锈蚀现象，配重、悬挂杆件应齐全完整；看标牌、标志，要仔细辨别厂名、厂址和商标是否与自己了解的一致。"二摸"是指摸看不到的部位，检查箱体的结合处、密封处有无"三漏"现象。"三试"是指要亲自操作一下，启动发动机，操纵油门，观察柴油机工作是否平稳、有无杂音、排气是否正常；方向盘自由间隙是否过大、转向是否灵活；制动是否平稳，挂挡是否轻便顺利；是否有异常响声；照明信号是否正常等。

14. 如何选购联合收割机？

(1) 联合收割机分类

联合收割机有两种不同的分类方式。

①**按喂入量的大小分类。**联合收割机分为大型联合收割机、中型联合收割机和小型联合收割机。大型联合收割机机体庞大、结构复杂、技术先进、自动化程度较高、性能好，但价格较高，适合大农场、大地块和经济条件好的地区。小型联合收割机体积小、结构简单、质量轻、容易操作、价格便宜，适合小地块和年作业量较少的情况。中型联合收割机介于大型联合收割机和小型联合收割机之间。

②**按动力供给方式分类。**联合收割机可分为牵引式联合收割机、自走式联合收割机和背负式联合收割机。牵引式联合收割机由于工作效率低已逐步被其他机型替代。自走式联合收割机机动灵活，作业质量好，生产效率高，转移运输方便。背负式联合收割机价格较低，但是组装拆卸麻烦，割台提升高度较小，田间通过性较差。

(2) 选购联合收割机的注意事项

选购联合收割机，主要是考虑田块的大小、作物品种和作业质量。具体操作时主要从以下 3 点入手。

①**看质量标志。**看联合收割机上是否贴有菱形的农业机械推广鉴定证章。还可以向经销商要求查看该机型的推广鉴定证书复印件，如果与机器上所粘贴的证章一致，就可以购买了。

②**看生产日期和外观。**先看生产日期，应该是最近出

厂的、近期生产的联合收割机质量有保证。再就是看外观，观察联合收割机是否光洁美观，是否有磕碰、锈蚀，有无漏油、漏水现象，有无零部件丢失等。

③**亲手操作启动发动机**。观察发动机工作是否平稳，有无杂音，排气是否正常；原地不动，小油门结合各操纵杆件，看割台、输送机构等工作是否运转灵活，有无异常响声；挂低挡行走，看转向是否灵活，制动是否平稳，挂挡是否轻便，是否有异常响声；各报警器、照明、信号装置是否正常等。

15. 如何选购插秧机？

（1）插秧机分类

插秧机分为乘坐式高速插秧机、简易乘坐式插秧机、手扶步进式插秧机。

①**乘坐式高速插秧机**。采用四轮行走方式，后轮一般为粗轮毂橡胶轮胎；采用旋转式强制插秧机构进行插秧，插秧速度比较快，作业效率比较高。市场上常见的乘坐式高速插秧机，插秧行数为 6 行，作业幅宽为 1.8 米，配套动力为 8.5～11.4 千瓦，作业效率为每小时 0.4 公顷左右。

②**简易乘坐式插秧机**。行走采用单轮驱动和整体浮板组合方式，插秧采用分置式曲柄连杆机构。市场上常见的

简易乘坐式插秧机，插秧行数为 6 行，作业幅宽为 1.8 米，配套动力为 2.94 千瓦左右，作业效率为每小时 0.15 公顷左右。

③**手扶步进式插秧机。**行走采用双轮驱动和分体浮板组合方式，插秧采用分置式曲柄连杆机构。市场上常见的手扶步进式插秧机，插秧行数为 4 行和 6 行，作业幅宽为 1.2～1.8 米，配套动力为 1.7～3.7 千瓦，作业效率为每小时 0.1～0.2 公顷。

（2）选购插秧机的注意事项

①明确自己的使用要求，仔细阅读使用说明书，弄清楚机器的适用范围和禁忌事项。货比三家，综合考虑产品价格、质量和服务，千万不要贪便宜，听信销售者一面之词。

②尽量选购获得农业机械推广鉴定证书的产品，并查看是否粘贴有菱形的农业机械推广鉴定证章。这些产品的质量可信度比较高。

③慎重选择经销单位，一定要到有固定场所、证照齐全的农资经营单位购买。万一出现问题，可以找到应负责任的商家。

④购买时必须索要购机发票、合格证、"三包"凭证和使用说明书，千万不要以为自买自用，又不报销，嫌麻烦，货物到手，便一走了之。轻率的结果，就是隐患在后头。

16. 如何选购播种机？

(1) 播种机分类

播种机（图2-6）可分为以下八类：

①**谷物条播机**。谷物条播机由机架、地轮、传动机构、排种器、排肥器、种箱、肥箱、开沟器、覆土器和镇压轮等组成。按与拖拉机的挂接方式可分为牵引式和悬挂式。可一次完成开沟、施肥、播种、覆土和镇压等工序，主要用于条播小麦、大豆、玉米等，配有小槽轮排种器的机型还可播草籽。

②**单粒精量播种机**。单粒精量播种机多采用播种单体与机架连接的方式，播种单体一般由开沟器、压种轮、仿形限深轮、镇压轮、种箱、传动机构等组成。可精播玉米、大豆、高粱、甜菜、棉花等中耕作物，有的地区对小麦也可实现精量播种。

③**穴播机**。穴播机机架结构形式有采用谷物条播机的，也有采用精量播种机的；排种器为窝眼轮式，每穴投2～3粒种子；用于穴播玉米、大豆、棉花、花生等。也有小麦穴播机，每穴投6～11粒种子。

④**旋耕播种机**。开沟器前设置有旋耕刀辊，拖拉机动力输出轴的动力通过万向节传动轴经齿轮变速器传递至旋耕刀辊。作业时，旋耕刀对上层土壤和植被进行旋耕、切

碎，开沟器开沟，种子落入沟底并被旋耕刀抛起的土覆盖，随后由镇压轮镇压，完成播种过程。旋耕播种机可以一次完成旋耕整地、开沟、施肥、播种、覆土和镇压等工序，减少了作业次数，节约了成本。旋耕播种机目前在我国应用广泛。

⑤**铺膜播种机。**铺膜播种机是铺膜机与播种机的有机组合形式，属于复式作业农机。除了具有播种机的典型机构外，还有平土框及镇压辊、膜捆、展膜辊、压膜轮、鸭嘴滚筒式成穴器、覆土圆盘等。工作时，平土框及镇压辊将地面推平并压实，地膜经展膜辊展平铺在地上，再经压膜轮将地膜与地面压实，鸭嘴滚筒式成穴器按要求的行距与株距打孔并播种，随后覆土。铺膜播种机多为穴播，可用于小麦、棉花、花生等。

⑥**免耕播种机。**免耕播种机是在地表秸秆覆盖或者留茬的情况下，不耕整地或为了减少秸秆残留，进行土壤粉碎、耙地、少耕后播种的农机。

⑦**穴盘播种机。**穴盘播种机由填土、压坑、精量播种、覆土、刮平、传动输出机构组成。机组常为固定流水线形式，以电动机为动力，在大棚里使用，主要用于穴盘秧苗的播种，目前应用并不广泛。

⑧**撒播机。**料斗一般用不锈钢制作，撒播轮通常为齿轮传动。拖拉机动力输出轴的动力经齿轮变速器传递至撒播轮，料斗中的种子落到撒播轮后在离心力的作用下撒播

到地面。撒播机主要用于在牧场大面积撒播草籽，在水稻未收获前撒播绿肥种子，在林区大面积撒播树种等。撒播机既可用于撒播种子，也可用于撒播颗粒状化肥，操作方便、快捷。

图 2-6　农田播种机

（2）选购播种机的注意事项

①尽量选购已获农业机械推广鉴定证书的产品。

②播种机应是正规企业生产的产品，应有出厂检验合格证、"三包"凭证、使用说明书，配（附）件或专用工具齐全。

③机器明显位置处固定有标牌。标牌字迹清楚，内容应包括产品型号和名称、出厂编号、产品制造日期、整机质量、生产厂名称等。

④播种机的外观应整洁，不得有锈蚀、碰伤等缺陷；油漆表面应平整、均匀和光滑，不应有漏底、起皮和剥落等缺陷。

⑤播量调节机构操纵应轻便灵活，拨动调节杆或转动螺纹调节播量应方便，刻度应准确。

⑥种、肥箱结合处不应漏种子和肥料，排种盒与箱底板局部间隙不大于 1 毫米。

⑦外露齿轮、链轮传动装置应有牢固、可靠的防护罩，有危险的运动部位应在其附近固定有安全警示标志。

⑧种、肥箱盖应设有固定装置，作业时不能因振动颠簸或风吹而自动打开。

⑨应注意播种机的配套动力要求与使用者的动力机械相匹配。

第三章
主要农机产品的结构及操作维修指南

 柴油机的主要组成是什么？

　　柴油机与汽油机相比，在结构上缺少一个点火系统。主要由曲柄连杆机构，配气机构，燃料供给系统，进、排气系统，润滑系统，冷却系统和启动装置组成。

（1）曲柄连杆机构

　　曲柄连杆机构是发动机实现工作循环、完成能量转换的主要运动零件。它由机体组、活塞连杆组和曲轴飞轮组等组成。在做功行程中，活塞承受压力后在气缸内做直线运动，通过连杆转换成曲轴的旋转运动，并通过曲轴对外输出动力。而在进气、压缩和排气行程中，飞轮释放能量又把曲轴的旋转运动转化成活塞的直线运动。

(2) 配气机构

配气机构根据发动机的工作顺序和工作过程，定时开启和关闭进气门和排气门，使可燃混合气或空气进入气缸，并使废气从气缸内排出，实现换气过程。配气机构大多采用顶置气门式配气机构，一般由气门组、气门传动组和气门驱动组组成。

(3) 燃料供给系统

柴油机燃料供给系统是把燃油箱内的柴油由输油泵吸出，并压至滤清器过滤后送入喷油泵；再由喷油泵增压后经高压油管送到喷油器而喷入燃烧室，与空气形成可燃混合气。

(4) 进、排气系统

进、排气系统负责均匀地向各气缸供给纯净的空气，并及时将燃烧做功产生的废气排出。

(5) 润滑系统

润滑系统是向做相对运动的零件表面输送定量的清洁润滑油，以实现液体摩擦，减小摩擦阻力，减轻机件的磨损，并对零件表面进行清洗和冷却。润滑系统通常由润滑油道、机油泵、机油滤清器和一些阀门等组成。

(6) 冷却系统

冷却系统的功用是将受热零件吸收的部分热量及时散发出去，保证发动机在最适宜的温度状态下工作。

(7) 启动装置

启动装置的功用是使发动机从静止状态过渡到工作状

态，保证发动机启动正常。

18. 柴油机燃料供给系统的常见故障有哪些？如何处理？

（1）柴油机启动困难，回油管内无回油

故障产生的原因及排除方法如下：

A. 燃油系统中有空气。排除方法：先检查燃油管路各接头是否松弛，若无，则按以下步骤排除燃油系统中的空气。首先旋开喷油泵和燃油滤清器上的放气螺钉，用手泵泵油，直至所溢出的燃油中无气泡后旋紧放气螺钉。然后松开高压油管位于喷油器一端的螺帽，打开喷油泵滚轮部件，待管口流出的燃油中无气泡后旋紧螺帽。

B. 燃油管路阻塞。故障排除的方法：检查各段管路状况，确保其管路畅通。

C. 燃油滤清器阻塞。故障排除的方法：清洗燃油滤清器或换新滤芯。

D. 输油泵不供油或断续供油。故障排除的方法：检查进油管是否漏气、进油管接头上的滤网是否堵塞，前面两个问题解决后如仍不供油，建议检查输油泵，确认是否存在故障。

E. 喷油很少、喷不出油或喷油不雾化。故障排除的方法：将喷油器总成拆出，接在高压油泵上，打开喷油泵

滚轮部件或转动柴油机观察喷雾情况，检查并调整喷油压力至规定范围。

(2) 柴油机功率不足，加大油门后功率或转速仍提不高

故障产生的原因为燃油管路、燃油滤清器进入空气或阻塞。故障排除的方法：排除低压或高压油路中的空气。

(3) 柴油机运转时有不正常杂音或转速不稳

故障产生的原因及排除方法如下：

A. 喷油时间过早，气缸内发出有节奏的清脆金属敲击声。故障排除的方法：调整喷油提前角。

B. 喷油时间过迟，气缸内发出低沉不清晰的敲击声。故障排除的方法：调整喷油提前角。

C. 供油不均匀造成转速波动过大。故障排除的方法：调整喷油泵。

D. 怠速不稳定。故障排除的方法：调整怠速稳定器。

E. 转速不稳定（俗称"游车"）。故障排除的方法：检查油路供油情况；检查传动杠杆及柴油机情况。如果解决不了，查看调速器是否存在故障。

(4) 排气烟色不正常，冒黑烟

故障产生的原因为喷油泵供油量过大或喷油提前角过大。故障排除的方法：调整喷油泵或喷油提前角。

(5) 排气烟色不正常，冒白烟

A. 喷油时刻过迟，柴油未经燃烧就被排出。故障排除的方法：调整喷油时刻。

B. 柴油中有水。故障排除的方法：更换柴油并检查水中是否有杂质。

19. 拖拉机的类型主要有哪些？

拖拉机一般可按用途分为工业用拖拉机、林业用拖拉机和农业用拖拉机。

（1）工业用拖拉机主要用于筑路、矿山、水利、石油和建筑等工程，也可用于农田基本建设作业。

（2）林业用拖拉机主要用于林区集材，即把采伐下来的木材收集并运往林场。配备专用机具也可进行植树、造林和伐木作业。一般带有绞盘、搭载板和清除障碍装置等。

（3）农业用拖拉机主要用于农业生产，按其用途不同又可分为以下几种：

①**普通拖拉机。**它的特点是应用范围较广；主要用于一般条件下的农田移动作业、固定作业和运输作业等。

②**中耕拖拉机。**中耕拖拉机主要适用于中耕作业，也兼用于其他作业。它的特点是拖拉机离地间隙较大（一般在 630 毫米以上），轮胎较窄。

③**园艺拖拉机。**园艺拖拉机主要适用于果园、菜地、茶林等环境的作业。它的特点是体积小、机动灵活、功率小，如手扶式拖拉机和小四轮拖拉机。

④**特种形式拖拉机**。它适用于在特殊工作环境下作业或适应某种特殊需要，如船形拖拉机、山地拖拉机、水田拖拉机等。

20. 拖拉机的基本构成有哪些？

拖拉机是用于牵引和驱动各种配套机具，完成农业田间作业、运输作业和固定作业等的动力机械。图 3-1 至图 3-4 为几种拖拉机配套农机具作业。

不同类型的拖拉机总体构造基本相同，主要由发动机、传动系统、转向系统、制动系统、行走系统、液压系统和电气设备等组成。图 3-5 为轮式拖拉机结构纵向剖面图。

图 3-1　拖拉机带旋耕机旋地作业

图 3-2　拖拉机带翻转犁耕地作业

图 3-3　拖拉机牵引甜菜收获机作业

图 3-4 拖拉机运输作业

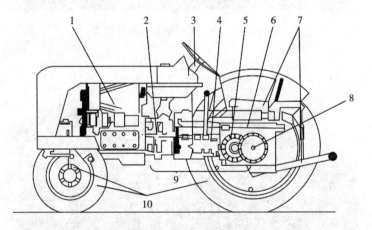

图 3-5 轮式拖拉机结构纵向剖面图

1. 内燃机 2. 离合器 3. 转向系统 4. 变速器 5. 中央传动 6. 动力输出轴

7. 液压悬挂系统 8. 最终传动 9. 传动系统 10. 行走系统

拖拉机上除了发动机和电气设备以外的部分统称为底盘。其发动机一般为柴油机。图 3-6 为拖拉机主要部分。

图 3-6　拖拉机主要部分

（1）传动系统

传动系统（图 3-7）是发动机和驱动轮之间所有传动部件的总称。其功用是将发动机的动力传送到拖拉机的驱动轮和动力输出装置，并根据工作需要改变拖拉机的行驶速度、驱动力，实现拖拉机的平稳起步、停车、前进或倒车等。

（2）转向系统

转向系统（图 3-8）是用来改变拖拉机行驶方向或保持拖拉机直线行驶的一种装置。拖拉机在转向过程中，通过使导向轮朝转弯方向偏转，利用地面作用在轮胎上的侧向力产生转向力矩，从而实现转向。在转向过程中，左右两侧驱动轮走过的路程不一样长。因此，转向系统由能够满足上述要求的两部分组成，即转向操纵机构和差速器。

图 3 - 7 传动系统

（a）转向油缸　　　　　　（b）转向器及阀块

（c）恒流阀及齿轮泵　　　　　　（d）油箱及滤网

图 3-8　转向系统主要工作部件

（3）制动系统

制动系统又分为行车制动及驻车制动（图 3-9）。行车制动由制动油壶、制动总泵、制动器组成。驻车制动由手刹和手制动器组成。

（4）行走系统

行走系统（图 3-10）是支撑拖拉机重量，并使拖拉机平稳行驶的一种装置。轮式拖拉机行走系统由轴（包括有驱动机构的前桥）、车轮（导向轮和驱动轮）组成。车轮包括轮胎和轮辋两部分。

（5）液压系统

液压系统由齿轮泵、分配器、多路阀、油缸、过滤器、油箱等组成（图 3-11）。

（a）制动油壶　　　　（b）制动总泵　　　　（c）制动器

（d）手刹　　　　　　　（e）手制动器

图 3-9　制动系统主要工作部件

图 3-10　行走系统

（a）齿轮泵　　　　　　　（b）分配器

（c）油缸　　　　　　　　（d）多路阀

（e）过滤器、油箱

图 3-11　液压系统主要工作部件

(6) 电气设备

电气设备包含线束、电瓶、柴油机电器件（发电机、各种传感器、计算机主板、燃油水寒宝等）、灯光系统、各种电控开关、仪表等（图 3 - 12）。

（a）电源总开关　　　　　　（b）大灯

（c）各种电控开关

（d）仪表　　　　　　（e）启动机

（f）电瓶 （g）预热继电器

（h）燃油水寒宝 （i）空调压缩机

（j）计算机主板 （k）发电机

图 3-12 电气设备主要工作部件

21. 如何排除拖拉机变速器的常见故障？

(1) 变速器挂不上挡和错挡

①**故障现象。**将离合器踏板踩到底，操纵主变速杆挂挡时十分吃力，往往很难挂上挡，勉强挂入某挡时，会产生齿轮撞击声。

②**故障原因。**

A. 离合器分离不彻底，不能切断发动机动力传递，使齿轮副难以啮合。

B. 远距离操纵机构不良，如拉杆、摇臂、连杆球销变形、磨损松旷或锈蚀卡滞。

C. 花键轴磨损产生台阶或毛刺，花键齿槽内有污物，致使滑动齿轮移动阻力增大，不易挂挡。

D. 拨叉轴弯曲、变形，移动时阻力过大或被卡住，挂挡困难或挂不上挡。拨叉轴定位槽和锁定销（或钢球）磨损，表面产生台阶，以致换挡时受阻、卡滞。锁定销不能从定位槽中滑出，引起挂不上挡或挂挡困难。

E. 变速器自锁装置失效，定位销卡滞或锈住，致使拨叉轴移动困难，不易挂挡。

F. 严寒气候条件下，使用的润滑油牌号不正确，润滑油凝固。

③排除方法。

A. 踩下离合器踏板，扳动变速杆挂挡时，各挡位都难以挂上，且挂挡时有明显的齿轮碰撞声。另外，如果勉强挂上挡，不抬起离合器踏板，拖拉机就立即行驶。这样的现象可诊断为离合器分离不彻底，可调节离合器的自由行程，如有磨损，则需要换磨损零部件。

B. 检查远距离操纵机构（如拉杆、摇臂、连杆球销等）有无变形、磨损松旷或生锈卡滞，如有，应及时进行修理或更换。

C. 若操纵机构正常，则检查拨叉。拨叉固定螺栓松动、拨叉弯曲变形、拨叉下端工作面或定位槽磨损过大，均会造成挂挡、摘挡困难。此时应修理拨叉，紧固固定螺钉。

D. 若变速器操纵杆能换挡，但不能换位，则故障原因可能是换挡杆下端头部因磨损严重而脱出。另外，变速器上盖螺栓松动，也会引起变速杆下端球头从导块凹槽中脱出，引起挂挡、摘挡困难。此时应紧固变速器上盖螺栓，检修或更换换挡杆。

E. 当踩下离合器踏板挂挡时，感到变速杆扳不动或扳不到位，可能是花键轴磨损产生台阶或毛刺等。花键轴磨损会使齿轮的内花键配合破坏，如果是滑动配合，将增加齿轮的滑动阻力或卡阻，致使换挡困难。应对花键轴进行修理，排除故障。

F. 当踩下离合器踏板挂挡时，感到换挡非常费力，甚至不能换挡，而且离合器踏板不能返回原位，则诊断为换挡联锁装置有故障。应对换挡联锁装置进行检修或更换。

(2) 变速器自动脱挡

①故障现象。 拖拉机在作业过程中，变速杆自动回到空挡位置或者变速器内滑动齿轮自动脱离啮合位置，使动力传递中断，拖拉机不能前进，这种现象称为自动脱挡。

②故障原因。

A. 锁定弹簧弹力过弱或折断，V 形定位槽、锁定钢球（或锁定销头部）磨损，锁定钢球卡死在弹簧槽内，会造成锁紧力不足，影响锁定销的定位作用，使拨叉轴轴向窜动间隙过大，当拖拉机在负荷交变或振动时极易发生自动脱挡。

B. 拨叉与拨叉轴的固定螺钉松脱，使拨叉在拨叉轴上松动，滑动齿轮失去控制；拨叉和拨叉槽偏磨或磨损严重，使滑动齿轮轴向窜动间隙过大。这些都容易引起自动脱挡。

C. 拨叉弯曲变形，影响滑动齿轮的垂直度，或者拨叉及齿轮凸缘凹槽磨损松旷，使齿轮啮合不到位，都将促使自动脱挡的可能性加大。

D. 由于修理后装配不当，或更换的零件尺寸不符合要求，扳动变速杆挂挡时容易造成换挡不到位。

E. 轴和轴承严重磨损，使齿轮轴倾斜或弯曲变形，也会造成自动脱挡。

③故障诊断与排除。

A. 车辆在行驶中，遇到路面不平、车辆颠簸时有可能自行脱挡。脱挡后再次挂入某挡，若挂挡十分轻便，则一般是变速器自锁装置失效。若挂挡有一定的阻力，则应检查远距离操纵机构是否正常；或者变速器与飞轮壳的连接是否松动，因为连接松动会使变速器第二轴与中间轴不平行，齿轮啮合时产生轴向力而脱挡。

B. 操纵机构调整适当，变速器与飞轮壳连接紧固后仍然脱挡，则拆下变速器盖，检查自锁装置和齿轮啮合情况。若齿轮磨损过大，齿形已成锥形，会引起脱挡；若齿轮啮合正确，也未磨损，这时应检查滑动齿轮与花键的配合是否松旷。

C. 拨叉弯曲、拨叉固定螺钉松动、拨叉导块凹槽磨损过大等，均会使齿轮啮合不到位而脱挡。此时应检查拨叉，调整固定螺钉，修复被磨损的凹槽。

D. 上述检查正常后仍然脱挡，则检查轴承是否松旷、损坏。打开变速器盖，用撬棒撬动齿轮轴或花键轴上的固定齿轮，若感到齿轮轴或花键轴有过大的轴向窜动量，则说明轴和轴承损坏，此时应更换轴承，对轴进行矫直。

（3）旋耕地时动力输出轴轴头容易断

首先，检查工作状态时，传动轴是否水平。其次，到地头时，提升农机具尽量不要太高，若提得太高应及时拉起副离合器，切断动力。悬挂旋耕机的合适角度和耕深如图 3-13 所示。

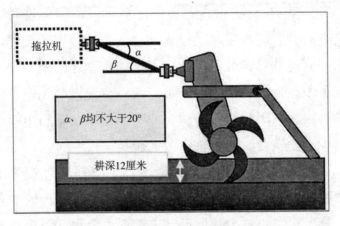

图 3-13　拖拉机挂接机具角度和耕深

(4) 用翻转犁耕地时通过操纵分配器来控制犁地深浅

首先，耕地时需要分配器打在浮动状态。耕地时不能操纵分配器，那样容易损坏液压件，增加油耗，且耕出的地不平。其次，要调整好犁的入土角，把犁的中心调整至拖拉机的正中心位置。

(5) 大马力拖拉机作业效率不如小马力拖拉机

拖拉机与农机具需要匹配。拖拉机多系列、多功率交叉，要区分具体什么车型适合拉什么农机具、干什么活。例如大功率、大底盘拖拉机动力输出轴所在位置高，带矮小农机具就不合适，也费油。

（6）离合器容易损坏

为了更好地避免离合器非正常损坏，应规范其使用。首先，所有的离合器必须有空行程。其次，严禁半联动工作，严禁用离合器控制车速。正常工作时，离合器一定要松到底。

（7）为了防止耕地时前轮打滑，多加上配重

出厂时根据拖拉机的结构已经有标准配重，擅自加配重容易造成前桥及变速器早期损坏（图3-14）。

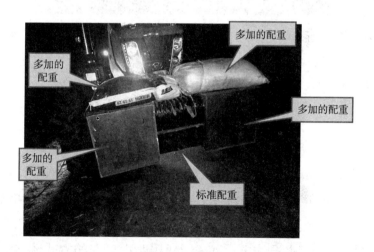

图3-14 用户增加配重

（8）翻转犁挂上合墒器后翻不过来

翻转犁挂上合墒器后，重心发生后移，原来拉杆长度及油缸压力均需重新调整（图3-15）。若不重新调整，容易出现翻转犁挂上合墒器后翻不过来的情况。

合墒器

图 3-15　拖拉机挂接合墒器作业

22. 安全使用拖拉机有哪些操作要求？

（1）检查有无润滑油和燃油。

（2）检查变速杆是否置于空挡位置。

（3）检查有无冷却水。严禁无冷却水启动。严冬季节启动前应充分预热，预热时应先用温水（水温约 40℃），再用热水（水温约 70℃）；严禁用明火烤车的方式预热。

（4）手摇启动时要握紧摇把，发动机启动后，应立即取出摇把。

（5）使用汽油启动机启动时，绳索不准绕在手上，身后不准站人，人的身体应避开启动轮回转面；启动机空转时间不准超过 5 分钟，满负荷时间不得超过 15 分钟。

（6）使用电动机启动，每次启动工作时间不得超过 5 秒，一次不能启动时，应间隔 2～3 分钟再启动。严禁用金属件直接搭火启动。

（7）主机启动后，应低速运转，注意倾听各部件有无异常声音，观察机油压力，并检查有无漏水、漏油、漏气现象。

（8）拖拉机不准用牵引、溜坡方式启动。如遇特殊情况，应急使用时，牵引车与被牵引车之间必须刚性连接，有足够的安全距离，并有明确的联系信号。溜坡滑行启动时，要注意周围环境，确保安全，并有安全应急措施。

23. 如何开展拖拉机的维修与保养？

（1）拖拉机常见故障及排除方法

①作用反常或迟钝，如启动困难、不易转向、制动不灵、工作无力。

②声音反常，如发动机声音异常、曲柄连杆有异常敲击声、排气管"放炮"等。

③温度异常，如发动机温度过高、离合器过热、后桥轴承部位过热等。

④外观反常，如排气管冒黑烟、白烟、蓝烟，发动机等部位漏水、漏气、漏油。

⑤气味反常，如摩擦片有烧焦气味。

当拖拉机发生故障时，应认真分析并做出判断，采取必要的方法，找出故障发生的部位和原因。分析故障应遵循的原则：结合拖拉机整体构造和部件构造，联系整机及部件工作原理，搞清现象，具体分析。

（2）拖拉机的技术保养

只注重用机，不注意保养机器，是目前农机手普遍存在的问题。

拖拉机在使用过程中，车上的各个零件和配合件等会由于磨损、松动、变形或者疲劳等因素的作用，逐渐降低或丧失工作能力，严重时还会导致整机的技术状态失常。另外，像燃油、润滑油、冷却水等工作介质，在被消耗的过程中，会产生一些杂质，导致性能逐渐发生变化，甚至使拖拉机不能正常工作，严重时还会引起机械或人身事故。因此，在拖拉机使用过程中一定要认真地做好技术保养工作。做好技术保养工作不仅可以减缓各个零件技术状态的老化甚至恶化的速度，延长整机的使用寿命，还可以及时消除潜在的安全隐患，避免安全事故的发生。

24. 耕地机械的种类有哪些？

耕地机械按照不同的分类标准可分为很多种。按工作部件的工作原理不同，可分为铧式犁、圆盘犁、旋耕机等。按拖拉机的挂接方式不同，可分为牵引犁、悬挂犁和半悬挂犁。按用途不同，可分为旱地犁、水田犁、山地犁、深耕犁和特种用途犁等。按机具的强度和所适应的土壤质地等级不同，可分为轻型犁、中型犁和重型犁等。此外，还有能同时完成耕耙作业的耕耙犁、能变换翻土方向的双向犁和垡片断面近似菱形的菱形犁等。

在目前的农业生产中，以铧式悬挂犁的应用最为广泛。悬挂犁通过悬挂架与拖拉机后的悬挂机构连接，具有结构简单、质量轻和机动性高等特点。特别地，悬挂双向犁的普及和发展，进一步提高了作业质量，同时使生产率也得到了大大提升，深受农民的欢迎。因此，近几年来中小型的悬挂双向犁得到了迅速发展。

25. **犁 的 故 障 有 哪 些？ 故 障 原 因 及 排 除 方 法 是 什 么？**

（1）耕深不稳定或不能入土

故障原因：入土角小；犁铧磨损严重。故障排除方法：适当调大入土角；修理或更换新犁铧。

（2）耕幅不稳定

故障原因：纵向正位或耕幅没调整好；拖拉机开不直。故障排除方法：进一步调整纵向正位或耕幅；提高拖拉机驾驶技术。

（3）耕后地表不平

故障原因：犁架不水平；犁底不在同一平面内；犁铧

磨损程度不一致。故障排除方法：调整犁架的纵向、横向水平；重装犁体；更换磨损较重的犁铧。

(4) 出现立垡、垡条，覆盖不好

故障原因：耕深太深；机组前进太慢；土壤的含水量大。故障排除方法：调浅耕深；提高工作速度；适时耕地。

(5) 升不起犁或犁升不到最大位置

故障原因：液压油不足或无液压油；油泵或分配器内泄严重。故障排除方法：加足液压油；修理或更换油泵或分配器。

(6) 液压翻转犁犁体根本不翻转或翻转不足90°

故障原因：油泵内泄严重；分配器失效；犁中心轴长期缺油，轴瓦黏连或抱死。故障排除方法：修理或更换油泵；修理或更换分配器；修理中心轴及轴瓦，并保证其润滑充分。

(7) 机械翻转犁翻转动作过于猛烈或不能翻转

故障原因：挂接架限位调整螺钉过短或过长。故障排除方法：调节挂接架限位调整螺钉。

26. 旋耕机的工作原理和性能特点是什么？

旋耕机也叫旋耕犁，是以旋转的刀齿代替犁体对土壤进行加工。刀齿以一定的速度回转，切削土壤，并将切下的土块向后抛掷，土块与拖板碰撞而破碎，同时地表面被

拖板拖平。

旋耕机的碎土能力很强，耕后土壤松碎，地表平坦，相当于耕耙的作业效果，能将土壤和肥料搅和均匀，提高肥效。旋耕机的工作部件由拖拉机动力输出轴输出动力来驱动旋转，工作时刀齿回转的方向与拖拉机驱动轮回转的方向相同，因而产生向前的推动力，机组防陷和通过性能也较好。其缺点是动力消耗大，耕深较浅，覆盖质量差。

（1）旋耕机的类型

旋耕机按其与拖拉机的连接形式不同，可分为牵引式、悬挂式和直接联结式三种；按旋耕刀轴的配置形式不同，可分为横轴式（卧式）、立轴式（立式）和斜轴式三种。刀轴的转动有中间传动和侧边传动两种形式。刀片的旋转方向又有正铣和逆铣两种形式。目前应用最广的国产旋耕机为卧式刀轴，侧边传动，正铣工作。

（2）旋耕机的一般构造

旋耕机一般由机架、传动部分、工作部分和辅助部件组成。

①**机架**。机架是旋耕机的骨架，由前梁、侧传动箱和侧板组成框架结构。侧传动箱和侧板的前端固定在前梁的两端。前梁的中部安装有悬挂架，后部安装机罩和拖板。

②**传动部分**。传动部分由万向传动轴、中央齿轮变速

器和侧边链传动箱组成。中央齿轮变速器为两级减速，第一级为直齿圆柱齿轮减速，第二级为圆锥齿轮减速。为了使旋耕机与动力输出轴转速不相同的拖拉机配套工作，可更换不同齿数的圆柱齿轮，改变传动比。

③**工作部分**。旋耕机的工作部分由刀轴、刀座和刀齿组成。刀轴用无缝钢管制成，两端焊有轴头，轴管上按螺线规律焊有刀座，刀齿用螺栓固装在刀座上。刀齿的形式有多种，常用的有凿形刀齿和弯刀齿两种。凿形刀齿属松土型刀齿，主要靠冲击破土，入土能力很强，阻力也较小，但容易缠草，适用于土质较硬、杂草较少的工作条件。弯刀齿属于切割型刀齿，主要靠刀片的弧形刃口切割土壤，有滑切作用，切割能力强，不易缠草，有较好的松土和抛翻能力，但消耗的功率较大。这种刀齿有左弯和右弯之分，在刀轴上搭配安装。

④**辅助部件**。辅助部件包括挡泥罩和拖板。挡泥罩（机罩）制成弧形，安装在刀轴和刀片旋转部件的上方，以挡住刀齿抛起的土块，起防护和进一步破碎土块的作用。

27. **整地机械的种类有哪些？**

常用的整地机械有圆盘耙、钉齿耙和镇压器等，其中以圆盘耙应用最广。

28. 圆盘耙的原理和类型是什么？

圆盘耙是一种以回转圆盘破碎土壤的整地机械，主要用于耕后或播前的碎土整地作业，也可用于农作物收获后的浅耕灭茬作业。

圆盘耙分为多种类型：依据耙深的不同，可分为重型耙（耙深大于 20 厘米）、中型耙（耙深 15～20 厘米）和轻型耙（耙深 15 厘米以下）三种；按照与拖拉机的挂接方式不同，可分为牵引式、悬挂式和半悬挂式三种；按耙组的排列和配置方式，可分为单列对置式、双列对置式、单列偏置式和双列偏置式。

29. 播种机械的种类有哪些？

播种机的种类很多，分类如下：

（1）按播种方式不同，可分为撒播机、条播机、点播机和精量播种机。

（2）按综合利用程度不同，可分为专用播种机、通用播种机和通用机架播种机等。专用播种机是指专用于播种某种作物的播种机，如棉花播种机、甜菜播种机和牧草播种机等。通用播种机是指能播种多种作物的播种机，如谷物播种机和中耕作物播种机等。通用机架播种机是指在同一个机架上，只需要更换相应的部件，即可进行播种、中耕和起垄等多种作业的播种机。

（3）按排种原理不同，可分为机械式播种机、气吸式播种机和离心式播种机等，其中以机械式播种机应用较广。

（4）按动力不同，可分为畜力播种机和机引播种机两种。机引播种机按其与拖拉机的挂接方式的不同，又分为牵引式、半悬挂式和悬挂式三种，其中以悬挂式应用较广。

30. 播种作业的注意事项是什么？

（1）种子应经过清选、药剂处理和发芽率试验，以保苗全、苗壮。

（2）播种时，要经常检查排种器、传动机构、划行器、开沟器、覆土器、镇压轮的工作情况。

（3）要经常清除驱动轮、开沟器、仿形轮、划行器等部件上附着的泥土和杂草。

（4）在播种作业过程中不要倒车，播种机应在前进中下落。

（5）要经常检查播种机组在主梁上有无窜动，如有窜动应及时调整并紧固。应经常检查邻接行距的大小，如有改变，应及时调整划行器臂长。

（6）播完一种作物后，要认真清理种箱、排种器等，防止种子混杂。气吸播种机作业时，要选择好作业速度，在播种过程中应尽量避免停车。因故停车时，应将播种机升起，后退一定距离，将发动机提高到工作转速后再前进播种，免得漏播。气吸管不应折曲或与机体摩擦，接头要紧固不得漏气。

31. 如何开展播种机的维修与保养？

播种机每班保养与拖拉机班次保养同时进行，主要有以下工作：

（1）清除开沟器、覆土器、镇压轮、行走轮、划行器等部件上附着的泥土。

（2）检查开沟器的行距是否符合规定。

（3）检查传动机构的技术状态。齿轮传动时检查齿轮的啮合情况；链条传动时，应检查链条的松紧度。

（4）检查各部件螺丝是否紧固，松动时应拧紧。

（5）检查排种轮转动是否灵活，有无漏种现象。对于气吸式播种机，应检查风量与各管道的严密性。

（6）按使用说明书上的规定向各润滑点注油。

32. 如何排除播种机的常见故障？

（1）播种间距不均匀或者种子分布不均匀

故障原因：作业速度太快；种杯堵塞；种管堵塞；开沟器圆盘不能正常转动。排除方法：降低作业速度；清理种杯；清理种管；检查开沟器圆盘。

(2) 播种深度不均匀

故障原因：作业速度过快；作业条件太湿；播种机与地面接触不平；播种机挂接高度不正确。排除方法：降低作业速度；适时作业；重新调整播种机挂接高度。

(3) 开沟器圆盘不能正常转动

故障原因：残茬或者泥土聚集在刮土器上；刮土器调整太紧，限制转动；圆盘轴承损坏；开沟器框架弯曲或者变形等。排除方法：清理或调整刮土器；更换圆盘轴承或开沟器框架等。

(4) 种子破碎过多

故障原因：作业速度过快；槽轮工作长度不够；活门开度不够。排除方法：降低作业速度；将槽轮开到足够宽；将活门开度放大。

(5) 镇压效果不好

故障原因：土壤太湿或者土块太多；播种机挂接高度不正确；镇压轮深度与开沟器深度不匹配；在开沟器上没有足够的下压力。排除方法：等到土壤较干时作业或者重新整地；调整播种机挂接高度；调整镇压轮深度；增加开沟器的下压力。

(6) 镇压轮或者开沟器堵塞

故障原因：播种条件太湿；开沟器的下压力太大；作业过程中在地里倒车；圆盘轴承不能工作。排除方法：等到播种条件合适的时候作业；减少开沟器的下压力；清理镇压轮或者开沟器，并检查其是否有损坏；更换圆盘轴承。

（7）升起或者降落播种机困难或者不平稳

故障原因：液压设备渗漏。排除方法：检查修理液压设备。

（8）犁刀开沟深度不够

故障原因：播种机没有足够的重量；播种机挂接得太高；地轮顶住播种机。排除方法：增加配重；降低播种机挂接高度；调整地轮高度。

33. 播种机安全操作使用有哪些要求？

（1）拖拉机与播种机之间必须设置联系信号。

（2）连接多台播种机时，各连接点必须刚性连接，牢固可靠，并设置保险链。

（3）工作中，不许将手深入种箱或肥箱内去扒平种子或肥料；排种装置及开沟器堵塞后，不准用手或金属件直接清理。进行清理或保养时，开沟器必须降至最低位置。

（4）播种机开沟器落地后，拖拉机不准倒退，地头转弯时需升起开沟器和划行器。

（5）播种药种子或播种兼施化肥时，机手需穿戴防护用具，作业后要洗净手、脸。

（6）转移地块或短距离运输时，必须使开沟器处在提升位置，并将升降杆固定；长距离运输时必须装车运送。

34. 水稻插秧机的分类有哪些？

水稻插秧机的种类很多，一般可分类如下：

（1）按动力不同，可分为人力插秧机、机动插秧机。

（2）按用途不同，可分为大苗插秧机、小苗插秧机、大小苗两用机。

（3）按分插原理不同，可分为横分往复直插式插秧机、纵分直插式插秧机。纵分直插式插秧机又分为往复直插式插秧机、滚动直插式插秧机。横分往复直插式插秧机是人力钳夹式插秧机，原设计只插大苗，附加小苗部件后也可插带土小苗。纵分滚动直插式插秧机适用于栽插大苗。纵分往复直插式插秧机适用于盘育带土小苗的栽插。

35. 水稻插秧机的基本构造是怎样的？

水稻插秧机是栽植水稻秧苗的机具，包括插秧和动力行走两大部分。插秧工作部分由分插秧机构、送秧机构、秧盘、压苗架、浮板、划行器、送秧离合器组成。动力行走部分由发动机、行走箱、驱动轮、操向机构（转向手柄、转向离合、变速手柄、油门手柄、主离合手柄等）组成。图 3 - 16 为水稻插秧机主要结构。

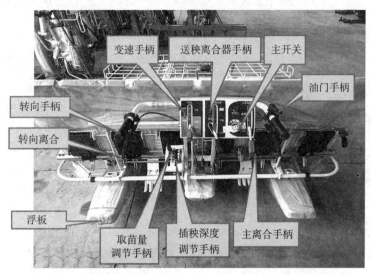

（a）

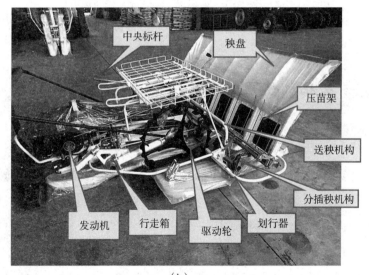

（b）

图 3 - 16　水稻插秧机主要结构

36. 安全使用插秧机有哪些操作要求？

（1）发动机启动时，主离合器和插秧部分离合器手柄需放在分离位置。

（2）地头转弯时需将工作部件动力切断，升起分插轮，过田埂时需将机架抬起。

（3）插秧机工作时装秧人员的手、脚不准伸进分插部分。

（4）运输时需将插秧部分离合器分离，装好运输轮和地轮轮箍。

（5）检查、调整、保养及排除故障，必须是熄火停机进行。

37. 插秧机使用过程中需要做哪些调整？

（1）每穴株数的调整

调整钢丝帘，改变插秧爪的入帘深度。钢丝帘逆时针转动，入帘越深，取秧越多；反之则入帘越浅，取秧越少。两块钢丝帘调整时应一致。

（2）入帘高度的调整

秧根较长时入帘应高。机器附有 32 毫米、40 毫米、50 毫米三种不同入帘高度的取秧滑道，以供调换使用。

(3) 株距的调整

调换变速器主动齿轮，可改变机器的行走速度，因分插部分转速并未改变，因而株距相应改变。若齿轮的齿数增加，则行走速度提高，株距变大；反之株距变小。机器出厂时附有 18、24、30、36 四种不同齿数的变速主动齿轮，相应的株距是 3 寸[①]、4 寸、5 寸、6 寸。齿轮更换后，游轮位置也要相应改变。

(4) 插秧深度的调整

改变插秧深度调节手柄在齿板上的固定位置可调整插秧深度。

(5) 定位时间的调整

插秧爪与送秧器的工作应配合准确。当插秧爪运动到和送秧器尖在同一水平位置时，送秧器应该已经后退到离毛刷根部 14～24 毫米的位置。因脱链、断链等重新安装分插轮传动链时，应特别注意这一点。上链条前，首先用手转动分插轮，使插秧爪处于和送秧器尖同一水平位置，并使送秧器处于后退位置，距毛刷根部 14～24 毫米，然后套上链条，注意链条上边为紧边，应伸直。

---

① 非法定计量单位，1 寸≈3.333 厘米。——编者注

（6）传动链和传动带压紧力的调整

①分插轮链条紧度的调整。将调节板套在螺栓的滑套中。调节板可随螺栓转动。张紧链轮活套在调节板一端的轴上。螺栓从底板外侧穿入，通过调节板的弧形孔伸出罩壳外，用螺母锁紧。调整时首先松开螺母，用扳手拧螺栓，将调节板上提，使链条达到所需紧度，而后锁紧（逆时针拧螺栓为调紧）。

②地轮减速箱链条紧度的调整。调节时，一手用扳手松开锁紧螺母，一手用螺丝刀逆时针转动螺栓，扭簧被扭紧，压条下转，链条被压紧，到所需紧度时，将螺栓固定不动，再将锁紧螺母锁紧即可。

③发动机皮带紧度的调整。移动发动机位置可改变皮带紧度。在陆地行走时，皮带不应太紧，以免离合器失去作用，无法停机。

38. 如何开展插秧机的维修与保养？

（1）插秧机常见故障及排除方法

①变速器漏油或声响过大。变速器漏油一般是油封损坏引起的，更换油封即可；声响过大，可能是锥齿轮侧隙过大或轴承损坏引起的，可检查齿轮啮合状况或更换轴承。

②缺株过多。

A. 检查所插秧苗的均匀程度。如果秧苗分布不均匀，尽量选取生长较好的秧苗，并增大取苗量，将横向送秧次数减少。

B. 检查苗床土。如果苗床太薄或太软，且秧根生长不良，则减少压苗架和苗床之间的距离；如果床土太厚，则加大压苗架和苗床之间的距离，如有可能，把床土厚度切成 2.5 厘米。

C. 检查秧苗装入苗床后的状态。如果倒伏严重，则将苗理顺，重新装入。

③**漂秧过多、插秧凌乱。**

A. 检查田中的水深。如果水深超过 3 厘米，则放水到水深为 0～3 厘米或适当降低插秧速度。

B. 检查田块整地质量。如果田块太硬，重新整地到适合插植的硬度或适当降低插秧速度；如果田块表面泥脚柔软，将适正感应杆移到软的方向或延迟插秧。

C. 检查秧苗状态。如果是因苗床土质不好而易掉落的秧苗，插秧前适当弄湿苗床；如果是因根部生长不良而易脱落的秧苗，使用苗板取苗和放苗，尽量使秧苗不产生崩裂，并适当降低插秧速度。

D. 检查插秧爪。如果有变形或损坏，应及时更换插秧爪。

④**插秧株距变小。**插秧株距变小主要是插秧机行走阻力较大、车轮打滑和机械前部上浮打滑造成的，解决方法是将株距调大一挡。

⑤**插好的秧苗呈拱门状。**插好的秧苗呈拱门状主要是秧苗被插秧爪推倒造成的，可适当加大插秧深度、插秧株距，或适当降低插秧速度。

（2）插秧机的技术保养

插秧机在插秧作业结束后进入空闲期，这期间做好入库保养检查，可延长机器使用寿命。技术保养应遵循以下程序：

①**外观保养检查。**检查外部零件是否冲洗干净、是否生锈，各损坏部件是否更换。

②**发动机保养检查。**检查空气滤清器是否通畅，海绵是否干净；汽油是否放净，旋钮是否关闭；曲轴箱齿轮油是否更换，齿轮油是否清洁；缓慢拉动反冲启动器拉绳几下，看反冲启动器是否转动正常，拉绳有无压缩感。

③**液压部分保养检查。**检查液压皮带（一级皮带）磨损程度，液压油是否充足、清洁；液压部分活动件是否灵活，注油处是否漏油；液压仿形的浮板动作是否灵敏。

④**插植部分保养检查。**检查插植传动箱、插植臂、侧边链条箱是否需加注黄油、机油；插植臂是否正常运转；秧针与秧门间隙是否正确，纵向取苗量调整是否正常；导轨是否需要加注黄油；纵向送秧是否活动正常，送秧星轮转动是否正常。

⑤**行驶部分保养检查。**检查变速杆调节是否可靠；行走轮运转是否正常；左右转向拉线是否注油。

39. 悬挂式包膜机产品原理是什么？

悬挂式包膜机为拖拉机悬挂式作业设备。首先将包膜机与拖拉机进行连接，然后操作控制盒按钮，调整搂捆臂和平台使料捆处在两限位轮之间。操作搂捆臂油缸升降按钮，使搂捆臂搂紧青饲料圆捆。按住平台油缸下降按钮，使青饲料圆捆落到最低位置，拖拉机液压悬挂升起使包膜机升至合适高度。按下控制盒上的自动工作按钮，包膜机按照程序自动完成包膜过程。

悬挂式包膜机为拖拉机悬挂式作业，可实现自动搂捆、包膜、放捆连续作业（图 3 - 17）。其主要由机架、缠膜系统、包膜平台、膜固定支架、切刀及护罩等构成（图 3 - 18）。

图 3 - 17　包膜机工作流程

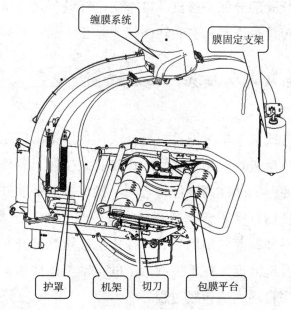

缠膜系统

膜固定支架

护罩　机架　切刀　包膜平台

图 3-18　悬挂式包膜机结构

40. 悬挂式包膜机常见故障如何判断？处理方式有哪些？

(1) 油缸不工作

首先检查连接油缸的进油管是否进油，若油路已通，再检查油缸接头是否堵塞。以上两项均已排除，最后检查油缸是否损坏。

(2) 按下控制盒"AUTOWORK"按钮，机器不转动

控制盒显示屏上方显示"RUN"时，首先检查齿轮

齿圈啮合处是否有异物卡住；排除上述异常后再检查液压马达是否损坏。控制盒显示屏上方显示"STOP"时，首先用力拉一下安全拉杆，控制盒显示屏仍显示"STOP"的话，操作控制盒查看哪个传感器没信号，然后检查传感器和磁铁的对中性及距离，直至传感器都有信号，状态变为"RUN"。

（3）按下控制盒"AUTOWORK"按钮，机器运转不能自动停止

故障可能是磁铁和霍尔传感器距离远，霍尔传感器感应不到磁铁信号造成的，可调整二者的距离；还可能是传感器或者磁铁损坏。

41. 青饲料收获打捆机的工作流程是什么？

青饲料收获打捆机收获时，首先将作物切下并输送到切碎部分，然后由切碎部分将收获的作物切碎抛送到料仓，充分搅拌后由输送装置输送至打捆成形部分进行打捆，缠网后放捆（图3-19）。

图3-19　青饲料收获打捆机主要工作流程

42. 青饲料收获打捆机的基本结构是什么？

青饲料收获打捆机集收割、切碎、打捆于一体，可实现不间断地收获打捆作业，主要由收获部分、切碎部分、输送部分、打捆部分和驾驶室操控部分组成，涉及部件包含不对行割台、切碎系统、动力传动系统、行走底盘、打捆成形系统、抛送系统及驾驶操纵系统等（图 3 - 20）。

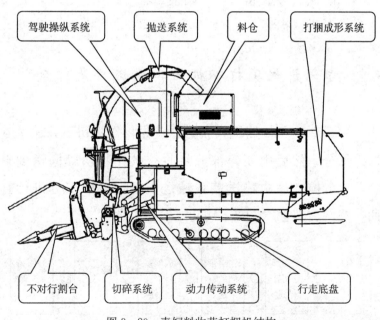

图 3 - 20　青饲料收获打捆机结构

43. 青饲料收获打捆机的常见故障如何判断？处理方式有哪些？

（1）作物的切断长度不均匀或切断部分太长

需检查切碎刀是否部分有磨损。

（2）启动器可以转动，发动机无法启动

首先检查燃油箱中有没有燃料，若排除该项，则检查保险是否断开。

（3）收获部分无法升降

首先检查液压油是否按规定量加注，再检查截止阀有没有在"打开"的位置上。

（4）收割机不工作

首先检查一下收获打捆机驱动的 V 形带是否松弛或断裂。若存在该问题需调整 V 形带的紧度或更换 V 形带。排除上面问题后再检查打捆离合器是否因堵塞物无法工作，需清除堵塞物。

（5）电器控制盒的供应无法开始

检查电器控制盒的电源是否在"打开"的位置上。电器控制盒工作需连接电源。

（6）成形室无法打开或者关不上

成形室截止阀是否处于"关闭"状态。需要使成形室截止阀处于"关闭"状态。

44. 细碎型打捆包膜一体机的工作流程是什么?

　　细碎型打捆包膜一体机可实现收集、打捆、包膜一体化作业。广口料仓收集的饲料搅拌均匀后由输送带输送至打捆成形部进行打捆,打捆完成后由成形传感器感应到信号,自动进行缠网。缠网完成后推送辊子将捆推送至包膜平台进行包膜,包膜完成后放捆,自动进入下一个循环(图 3 - 21)。

图 3 - 21　细碎型打捆包膜一体机工作流程

45. 细碎型打捆包膜一体机的基本构造是怎样的?

　　细碎型打捆包膜一体机可实现全自动的打捆包膜作业,主要由青贮料收集部分、搅拌输送部分、打捆部分、捆推送部分、包膜部分及放捆部分组成。其主要构成部件有料仓、输送系统、打捆成形系统、捆推送平台、包膜平台、包膜转臂和放捆装置等（图 3 - 22）。

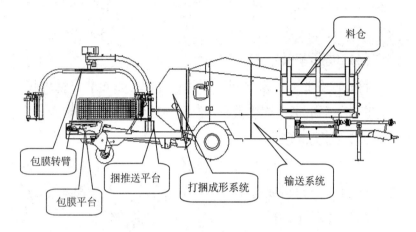

图 3 - 22　打捆包膜一体机主要结构

46. 细碎型打捆包膜一体机的常见故障如何判断？处理方式有哪些？

(1) 电源灯不亮

首先观察机器是否为紧急停止状态，再检查保险丝是否已断裂。

(2) 张紧链异常振动

首先检查张紧链自动注油油桶是否有油，再检查注油油路是否有堵塞。

(3) 成形室打不开

若打捆完成后成形室不打开，首先检查伸缩臂的标记是否对齐，然后检查推送辊是否复位，最后检查网余量是否不足，未完成缠网。

(4) 成形室关不上

首先检查成形室前部和后部的对齐部位是否有异物堆积，再检查前、后成形室连接轴是否润滑不足导致开闭不顺畅。

(5) 出现锥形捆

检查料仓内饲料投入是否均匀。饲料不均匀会导致输送至打捆部分的料成行不对等。

(6) 饲料捆较松

检查网是否较松，捆绑力不足。

47. 捡拾打捆机的工作流程是什么？

捡拾打捆机为拖拉机牵引式作业设备。首先将捡拾打捆机与拖拉机进行连接，拖拉机为其提供动力。捡拾打捆机跟随拖拉机前进，在前进过程中，捡拾台将作业材料拾取到切碎室，在切碎室内将大尺寸的物料切碎并输送到成形室，物料在成形室内被张紧杠带动翻滚，随着物料的堆积，在成形室内形成一定尺寸和密度的物料圆捆，设备会自动判断捆是否达到预定尺寸，并在成形室内进行缠网作业，缠网完成后自动放出捆（图 3-23）。

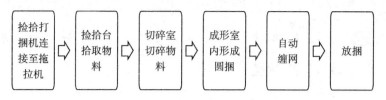

图 3-23　捡拾打捆机工作流程

48. 捡拾打捆机的基本构造是怎样的？

捡拾打捆机为牵引式作业，可实现自动捡拾、切碎、打捆、缠网、放捆的连续作业。其主要由牵引装置、捡拾台、切碎室、成形室、车轮、缠网机构及护罩等构成（图 3-24）。

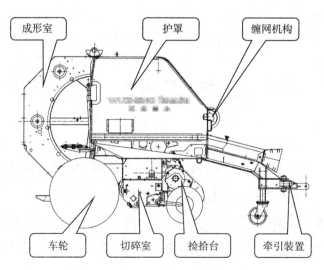

图 3-24　捡拾打捆机结构示意图

49. 捡拾打捆机的常见故障如何判断？处理方式有哪些？

(1) 物料在入口处堵塞

首先判断行走速度是否过快，调整完速度后，检查压草架位置是否过低；然后检查切碎室内的切刀是否变钝了。

(2) 捆包密度低

首先确认行走速度是否合适；然后检查密度调节装置档位是否合适。

(3) 网缠绕得太松

首先确认网的通过走向是否正确；然后检查网制动是否松了，并检查制动蹄是否已经磨损。

50. 挤奶机的工作原理及主要组成是什么？

机械挤奶就是模仿犊牛的吮吸动作实现挤奶。犊牛吮吸使口腔内形成负压，用舌和牙齿压迫乳头从而吸到乳汁。一般犊牛吮吸时，口腔内压力降低到 10~28 千帕。机械挤奶是由真空泵产生负压，真空调节阀控制挤奶系统真空度，由胶管连接到挤奶杯组，给予真空和常压的脉动器。

挤奶设备主要由真空系统、稳压系统、棚架、基础管路、脉动器、挤奶杯组、牛奶收集系统、清洗系统组成。

51. 挤奶机有几类？

挤奶设备可分为：移动式（推车）、提桶式、牛棚管道式、箱式、鱼骨式、并列式、转盘式、机器人。

(1) 移动式（推车）

移动式（推车）挤奶机（图3-25）可以在任何地方进行挤奶工作。

图3-25　移动式（推车）挤奶机

(2) 提桶式

提桶式挤奶设备投资小，安装简单，使用中可因地制宜，减少场地的限制。

(3) 牛棚管道式

牛棚管道式挤奶设备无需新建挤奶厅，在牛舍中因地制宜架设管线即可，奶牛无需移动（图 3-26）。

图 3-26　牛棚管道式挤奶作业

(4) 箱式

箱式挤奶机（图 3-27）每一个挤奶位棚架的出入口都是相对独立的，奶牛出入挤奶位时不会影响到其他挤奶位，可实现挤完即可撤离。

(5) 鱼骨式

用鱼骨式挤奶机（图 3-28）挤奶时，奶牛先按顺序排队进入棚架挤奶位，站位与坑道角度为 30°或 60°。若站位与坑道角度为 30°，则挤奶工在奶牛的一侧腹下进行挤奶操作；若为 60°，则挤奶工在奶牛的后腿间进行挤奶操作。挤奶结束后奶牛再按顺序排队从挤奶厅另一端撤离。

图 3 - 27　箱式挤奶机

图 3 - 28　鱼骨式挤奶机

(6) 并列式

用并列式挤奶机（图 3 - 29）挤奶时，奶牛按顺序排队进入棚架挤奶位，站位与坑道角度成直角，挤奶工在奶牛的后腿间进行挤奶操作，挤奶结束后开放棚架两侧护栏，奶牛从牛头方向快速撤离。

图 3 - 29　并列式挤奶机

(7) 转盘式

转盘式挤奶厅（图 3 - 30）依靠马达和传动系统驱动转盘缓慢旋转，挤奶完毕奶牛即可撤离挤奶台，所以是目前挤奶效率较高的一种挤奶厅形式。转盘式挤奶厅又分为内侧和外侧两种。

(8) 机器人

机器人挤奶设备（图 3 - 31）通常装在牛舍中，奶牛自己到设备上挤奶，机器人通过自动扫描找到乳头并套杯，可以做到四个乳区分别挤奶。

图 3-30　转盘式挤奶厅

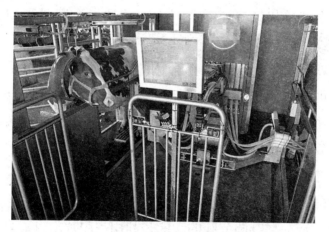

图 3-31　机器人挤奶机

52. 如何进行挤奶设备的性能检测及维护保养？

挤奶设备的性能好坏直接关系到奶牛乳房健康及牛奶的品质。挤奶设备的性能包括主真空压力、真空压力波动值、脉动器的参数等（详见 GB/T 8186—2011）。保证设备性能的稳定就要使用专业的检测设备定期对挤奶设备进行检测（详见 GB/T 8187—2011），根据检测的数据，发现并调整造成数据偏差的部件，并定期对挤奶设备进行维护、保养。配件及消耗品要选择与设备相配套的原厂配件或指定产品，需定期更换的具体包括奶衬、奶管、脉动器膜片、电子计量器膜片、真空调节阀膜片、奶泵叶轮、奶泵机械密封、真空泵油、真空泵皮带等。如果是转盘式挤奶设备还需要对中央转轴加注润滑脂和更换密封圈。

软化清洗用水和选择合适的酸、碱清洗剂也是非常重要的，否则会导致牛奶微生物超标甚至会缩短电子计量器中的探极的使用寿命。下面仅介绍真空调节阀和罗茨式真空泵的维护与保养，有兴趣的读者请参阅相关专业书籍。

（1）真空调节阀

调节：真空调节阀的功能是利用主膜片上方的真空压力拉动膜片及锥形阀，使大气进入真空系统，保持系统的真空稳定。其工作原理是通过调整螺丝与弹簧的弹力来与真空压力保持平衡。

清洗：过滤棉必须至少每个月检查一次，并按照要求清洗。拧开过滤罩，取出过滤棉并用温水冲洗，重新装回之前先把水甩干（或吹干）。每年至少更换一次过滤棉。

（2）罗茨式真空泵

每周：检查油位，如果需要（油位低于观察窗刻度以下）则补充润滑油。

每月：使用油枪给皮带轮一侧轴承加注黄油。

运行 2 000 小时以后：更换齿轮油（24 小时普通负载，重负载时增加更换次数）。

每 6 个月：拉紧皮带（正常状态下，皮带从两轴之间的中间位置可以压下 4～7 毫米）检查皮带的平行度，清洁泵内部的污物及奶垢。

每运行 6 000 小时：清洁电机和真空泵，防止过热；由专业人员检查线路、检查皮带。

每运行 18 000 小时或每 5 年：检查皮带是否有裂纹，建议更换；检查轴承及密封件。

53. 什么是全混合日粮和 TMR 饲料制备机？

全混合日粮（total mixed ration，TMR）是按照饲草动物不同生理阶段的营养需要，把切碎适当长度的粗饲料、精饲料、辅料和各种营养添加剂等按照一定的配比进行充分搅拌混合而得到的一种营养相对均衡的日粮。

TMR 饲料制备机是通过对物料进行切割、揉搓、搅拌混合等，制备全混合日粮的饲料加工机器（图 3-32）。拥有优良性能的加工机械和相关配套技术的 TMR 饲喂设备能够确保饲草动物所采食的每一口饲料都是具有营养浓度均匀和粗、精料配比一致的全混合日粮。

图 3-32　TMR 饲料制备机撒料

54. **TMR 饲料制备机可以分为哪几类？主要组成部分是什么？**

按照 TMR 饲料制备机搅龙的布置方式，TMR 饲料制备机大体可分为立式搅龙和卧式搅龙两种机型。按照 TMR 饲料制备机的安装和动力配套形式，TMR 饲料制备机大体可分为固定式 TMR 饲料制备机、牵引式 TMR

饲料制备机和自走式 TMR 饲料制备机。

不管是哪种类型的 TMR 饲料制备机，都主要由以下系统配置构成：搅拌系统（图 3 - 33）、传动系统（图 3 - 34）、称重系统（图 3 - 35）、电气液压控制系统、底盘支撑系统、撒料系统。部分机型配置动力系统、取料系统等辅助设备。

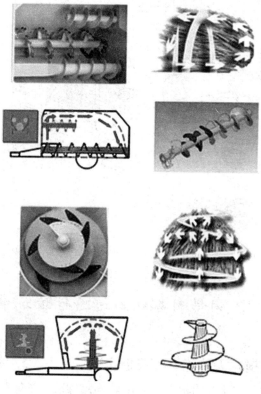

图 3 - 33　搅拌系统

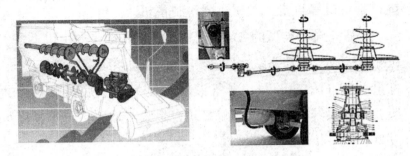

图 3 - 34 传动系统

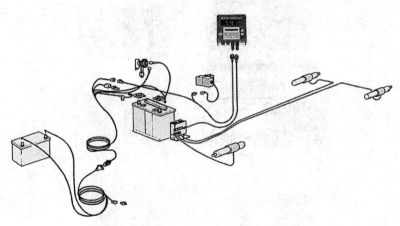

图 3 - 35 称重系统

55. TMR 饲料制备机如何进行维护维修?

(1) 搅龙刀片的调整或更换

在进行任何和搅龙相关的操作之前,必须将传动轴和动力分开。此项操作请谨慎进行。建议由两人完成,一人在箱体内部更换刀片，一人在外部用随车的盘车工具根据需要旋转搅龙。另外，请使用防护靴、防切割手套等装备。

A. 卧式机型。要获得较好的粉碎效果并将功率消耗降到最低，刀片与定刀条之间的最大间隙要小于1毫米（图3-36）。如果刀片已经变钝或者刀片与定刀条之间的距离过大，会造成更多的能耗（增加油耗）和不好的粉碎搅拌效果（过长的搅拌时间）。调整搅龙刀片的步骤：使用盘车工具旋转搅龙，直到刀片与方形定刀条处于同一直线；松开刀片螺栓，调节刀片，使之与定刀条的间隙不大于1毫米；拧紧刀片螺栓；继续旋转，直至下一个刀片，重复前面的操作。

图3-36 刀片与定刀条的间隙

B. 立式机型。磨损最严重的刀片是在搅龙底部的刀片。要控制磨损，建议在更换刀片之前改变其位置；在更换刀片时，建议按刀片的初始形状研磨上侧的刀刃，不接触下侧的刀刃（图 3 - 37）。

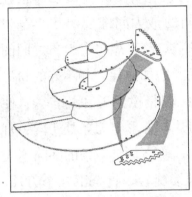

图 3 - 37　更换刀片示意图

（2）卸料皮带张紧力调整

卸料皮带采用弹簧张紧，这些弹簧位于皮带的前部。皮带的张紧力必须在皮带位于静止时通过顶丝来调整。检查弹簧间隙，正常情况下其应为 0.5～1 毫米（图 3 - 38）。为了使卸料皮带处于良好的工作状态，应检查皮带的内侧。辊子应保持清洁，且刮板应处于正确位置。

（3）传动链条调整

首先松开链条张紧轮的锁紧螺栓，然后转动张紧轮，直至链条摆动幅度为 0～15 毫米，拧紧锁紧螺栓（图 3 - 39）。在调整过程中应注意保持链条润滑。

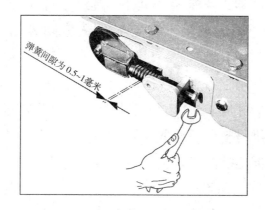

图 3 - 38　弹簧调整示意图

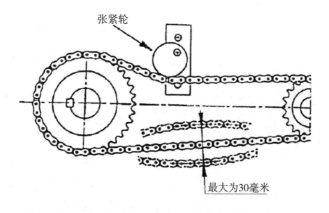

图 3 - 39　链条调整示意图

（4）检测称重传感器

打开接线盒，将一个传感器与接线盒连接，同时将称重显示器进行复位，直到显示器稳定显示"0"为止。

通过给传感器加重来检测其工作状态。重复以上步骤检测每个传感器。如果不稳定显示数值则表示此传感器已坏。

(5) 使用之后清理设备

在机器完成工作后，即已将饲料卸到喂料槽之后，建议装入纤维材料（稻草或干草），运行机器，以尽可能多地吸收机器内的湿气，从而限制内部腐蚀。如果 TMR 饲料制备机将长期不用（10 到 20 天或更久），则更应进行清理操作。在这种情况下，最好是对其底部和叶片进行防腐处理。

参考文献

农业部农业机械化管理司，农业部农机推广总站，2008. 中国农业机械化重
　　点推广技术［M］. 北京：中国农业大学出版社.

农业部农民科技教育培训中心，中央农业广播电视学校，2008. 农机技术服
　　务［M］. 北京：中国农业科学技术出版社.

仪坤秀，盖致富，王明磊，2011. 农机选购、使用与维权［M］. 北京：中
　　国农业出版社.

刘进辉，刘英男，2017. 农机使用与维修［M］. 北京：中国农业出版社.

图书在版编目（CIP）数据

图解农机选购与操作使用指南 55 问 / 仪坤秀，王明磊主编. —北京：中国农业出版社，2019.12
ISBN 978-7-109-26302-4

Ⅰ.①图… Ⅱ.①仪… ②王… Ⅲ.①农业机械—选购—图解②农业机械—使用方法—图解③农业机械—维修—图解 Ⅳ.①S22-64

中国版本图书馆 CIP 数据核字（2019）第 274939 号

中国农业出版社出版
地址：北京市朝阳区麦子店街 18 号楼
邮编：100125
责任编辑：黄　宇　王芳芳　　文字编辑：赵星华
版式设计：王　晨　　责任校对：赵　硕
印刷：中农印务有限公司
版次：2019 年 12 月第 1 版
印次：2019 年 12 月北京第 1 次印刷
发行：新华书店北京发行所
开本：880mm×1230mm　1/32
印张：3.75
字数：90 千字
定价：20.00 元